农村自建房常识图解系列丛书

农村自建房防灾安全常识图解
——防火篇

刘文利　主编

中国建筑工业出版社

图书在版编目（CIP）数据

农村自建房防灾安全常识图解．防火篇／刘文利主编．—北京：中国建筑工业出版社，2023.9
（农村自建房常识图解系列丛书）
ISBN 978-7-112-29016-1

Ⅰ．①农… Ⅱ．①刘… Ⅲ．①农村住宅－防火－图解
Ⅳ．① TU241.4-64 ② TU892-64

中国国家版本馆 CIP 数据核字 (2023) 第 148004 号

本书针对自建房建设中的防火技术环节，基于农村自建房的结构特征，分析农村自建房的火灾特点和防火现状。通过图文并茂形式，以简洁、直观的形式普及农村自建房消防安全知识和技术要点，推动防火新技术的应用，提升农村自建房的消防安全水平。

责任编辑：高　悦
责任校对：赵　菲

农村自建房常识图解系列丛书
农村自建房防灾安全常识图解——防火篇
刘文利　主编

*

中国建筑工业出版社出版、发行（北京海淀三里河路 9 号）
各地新华书店、建筑书店经销
北京建筑工业印刷厂制版
北京市密东印刷有限公司印刷

*

开本：880 毫米×1230 毫米　1/32　印张：$5^1/_4$　字数：135 千字
2025 年 5 月第一版　　2025 年 5 月第一次印刷
定价：**38.00** 元
ISBN 978-7-112-29016-1
（41752）

前 言

我国是一个农业大国，农村人口约5.5亿。受地域、自然气候和民族文化等影响，不同地区的建筑形式和风格差异很大。农村建筑大多为自建房，水暖电大都是村里基层技术人员负责施工，他们对相关标准规范不熟悉，使得房屋建成后存在一定的火灾风险。当前农村老龄化现象也比较突出，人口构成主要为老人和儿童，其消防安全意识相对薄弱，在处理火灾等突发事件时常常惊慌失措，容易造成死伤事故。因此农村自建房消防安全知识的宣传和普及尤为重要。

本书目标读者为农村基层技术人员及村民，因此整体风格通俗易懂，深入浅出，采用图文并茂的形式，围绕自建房火灾安全知识进行展开。本书以中国建筑科学研究院有限公司、中国科学技术大学、北京化工大学、沈阳建筑大学等承担的重点研发计划课题成果为基础，结合国内外最新发展动态，全面、系统地论述了农村建筑火灾防控现状，介绍了火灾防控基础知识及火灾防控技术。

全书的整体构思、统稿和审定由刘文利负责。第一章由刘永军、马军、杨龙龙、张唯执笔；第二章由杨龙龙、刘松涛、卫文彬、欧宸、王雨、畅若妮、刘诗瑶、樊莉、张成、肖倪琪执笔；第三章由张晓磊、胡隆华、陈晓韬、狄凌逸、古艳、袁依琳、刘紫玮、樊新阳执笔；第四章由钱舒畅、张胜、孙军、顾伟文、王舒衡、王凯蒿、蒋义冲执笔；第五章由袁沙沙、杜鹏、孙旋执笔；第六章由刘永军、毕然、谷凡执笔；第七章由王大鹏、闫肃、王楠、李政执笔，第八章由肖泽南、陈静、郑蝉蝉、马子超、耿伟超、张耕源执笔。

由于作者水平有限，书中缺点和错误在所难免，恳请读者批评指正，不胜感激。

作者

2023 年 3 月于中国建筑科学研究院有限公司

目 录

1 概　述

1.1 农房建筑与结构特征

中国位于亚洲东部，陆地面积约 960 万 km^2，地域辽阔，气象万千。中国拥有五千年历史，是世界上历史最悠久的国家之一，有着光荣的革命传统和光辉灿烂的文化。

我国是一个农业大国，农村人口大约 5.5 亿，居住在约 31550 个乡镇中。在生生不息地繁衍发展过程中，乡村人民因地制宜，建设了大量的居住建筑。受自然气候、民族文化等方面的影响，我国各地的民居建筑风格独具，异彩纷呈。2013 年 12 月，住房和城乡建设部组织专家对 31 个省、自治区、直辖市的民居进行调查，归纳出 564 种民居类型，港、澳、台地区归纳出 35 种民居类型，累加到一起，中国共 599 种民居类型。

我国的传统民居，木材是最主要的建筑材料，此外，还大量使用石材、生土等天然材料以及黏土砖、瓦、石灰等人工材料，体现了因地制宜、顺应自然的理念及智慧。在西南地区，如贵州、云南、广西，由于气温较高，雨量充沛，物种繁多，树竹丰富，民居建筑除了屋顶使用瓦片以外，其余材料均为木材和竹材，大量的墙体为单层木板墙；楼板采用单层木楼板；屋顶采用冷摊瓦系统或者望板－瓦片系统；加之柱、梁、椽也都为木材，如图 1-1 所示，导致火灾发生和蔓延的概率明显偏大。

同时，西南地区以山地为主，平原较少。有的民族村寨依山而建，大量木结构建筑满山遍野，鳞次栉比，如图 1-2（*a*）所示；

有的民族村寨傍水而成，木结构建筑首尾相连，蔚为壮观，如图 1-2（*b*）所示。这也导致当发生火灾时，极易造成火烧连营、村毁寨灭的后果。

（*a*）

（*b*）

图 1-1　西南地区典型的木结构建筑

（*a*）

（*b*）

图 1-2　西南地区的木结构建筑群

这些木结构为主的民族村寨，景色独特，风光秀丽，是中华民族的瑰宝，我们有责任爱护它们，保护它们，传承它们。因此，了解防火知识，提升防火技能，加强防火意识，搞好防火宣传，做好防火工作，我们每个人都责无旁贷。

1.2 农房火灾特点

1.2.1 火灾原因

根据应急管理部消防救援局统计的全国居住场所火灾情况，2012—2021年的10年间，全国共发生居住场所火灾132.4万起，造成11634人遇难、6738人受伤，直接财产损失77.7亿元；其中较大火灾429起，造成1579人遇难、329人受伤；重大火灾2起，造成26人遇难；未发生特别重大火灾。从起火原因层面看，电气火灾占42.7%，用火不慎占29.8%，吸烟占4.6%，玩火占1.9%，自燃占1.8%，放火占1.3%，遗留火种等其他原因占17.9%，如图1-3所示。上述数据包括农房火灾，由此也可看出，电气火灾是目前发生火灾的最主要原因，在日常生活中，防止火灾应首先从电气线路着手。

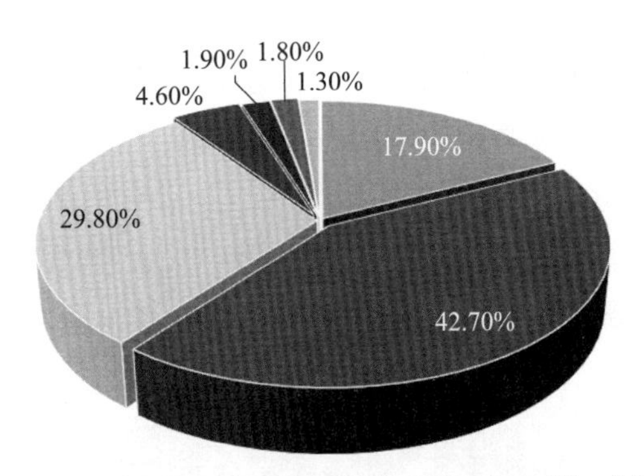

图1-3 近10年全国居住场所火灾发生的原因

1.2.2 灭火救援到达时间长

由于木结构建筑大多处于偏远山区，道路狭窄，交通不便，如图 1-4 所示。发生火灾后，消防救援力量很难在短时间内到达火灾现场。即便消防车到达村口，但是村寨内道路同样狭窄，大型消防车通过性差，消防车不易靠近火场。此外，村寨内无消防设施或损坏的情况比较常见，不能满足实际灭火用水需要。

图 1-4　西南地区山村航拍

1. 2. 3　火灾发生时间特点

从火灾发生季节和时段来看，近 10 年，冬春季居住场所发生火灾 75.2 万起，夏秋季发生 56.9 万余起，分别占总数的 56.9% 和 43.1%，如图 1-5 所示。可见冬春季是火灾的高发期，这主要是由于冬春气温相对较低，空气干燥，加上期间有春节、元宵节、清明节等传统节日，用火用电量较多，火灾发生概率大。

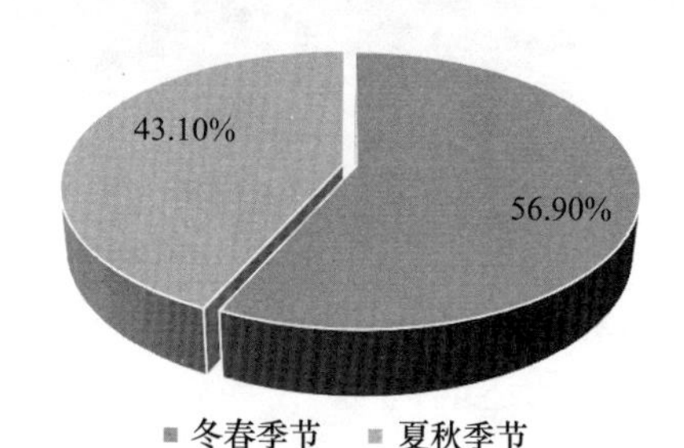

图 1-5　近 10 年居住场所火灾发生的季节分布

近10年间，在居住场所发生火灾的相关统计中，晚8时至次日6时发生的火灾起数占居住场所火灾总数的28.6%，如图1-6所示，但其造成的死亡人数占55.4%，受伤人数占50.4%。居住场所中夜间发生火灾事故的火灾死亡率接近白天的2倍。分析其原因，主要是夜间人员处于熟睡阶段，不能及时发现火灾和报警，当被烟气呛醒时可能已经来不及逃生。因此，夜间火灾造成的死亡率更高。

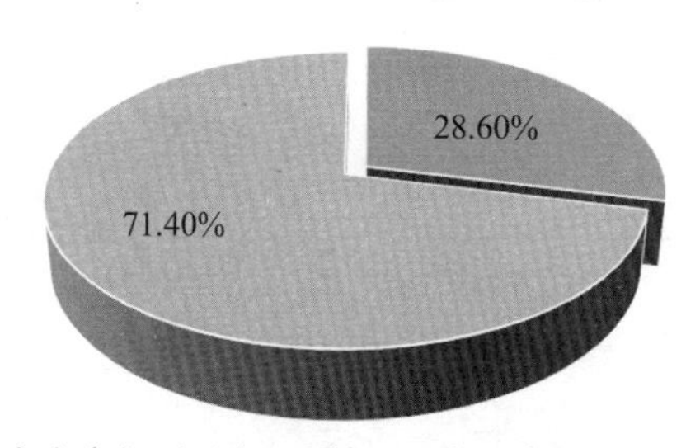

图1-6 近10年居住场所火灾发生的时间段分布

1.2.4 不同类型建筑的火灾特点

1. 砖木结构建筑火灾特点

砖木结构建筑是指以砖外墙、木质门窗、屋顶、梁、柱和楼板构成的单层、多层房屋，如图1-7所示。砖木结构建筑发生火灾与木结构建筑发生火灾有相似的特点。建筑的门、内隔墙、窗、梁、柱等多为木质材料，火灾蔓延迅速，建筑物易垮塌，特别是屋面、吊顶和楼板的垮塌比较常见。多层砖木结构建筑疏散通道少、楼梯陡、走廊窄，发生火灾时烟气迅速进入楼梯和走廊，封堵疏散通道，阻碍人员的逃生，易造成人员烧伤、烟气窒息以及中毒等危险。

2. 木结构建筑火灾特点

木结构建筑火灾具有以下特点。① 火灾荷载高，燃烧强度大。木结构建筑内有家具、电线电缆等可燃物，除此之外，其建筑构件多采用杉木等木质构件，火灾荷载更高。一些建筑建成时间长，构件干燥，遇火燃烧速度快。② 火灾蔓延快。木结构建筑热解温度低，容易燃烧。发生火灾后，高温热烟气在屋顶聚集，引燃其他区域的可燃材料和木质构件。③ 屋顶先于墙柱倒塌。木结构建筑物一般采用坡屋面，采用梁和檩支撑，瓦片作为屋面，重量较大，发生火灾后，木质构件失去承载能力，整个屋面坍塌，如图 1-8 所示。

图 1-7　砖木结构房屋

图 1-8　木结构建筑火灾现场

3. 砖混结构建筑火灾特点

砖混结构建筑是利用砖或砌块砌筑墙、柱等做承重，采用钢筋混凝土结构搭建梁、楼板和屋面等，如图 1-9 所示。砖混建筑结构不可燃，可燃物主要为内部家具、家电、生活用品、吊顶装饰物等，火灾荷载相较于木结构和砖木结构有所降低。

图 1-9 砖混结构房屋

4. 钢筋混凝土结构建筑火灾特点

随着农村地区经济条件的改善，越来越多的农村自建房都采用钢筋混凝土结构，如图 1-10 所示。该类建筑根据宅基地的划分经常并排布置，但由于采用了不燃性墙体分隔，火灾一般局限在建筑所在院落，很少出现向相邻院落蔓延的情况。钢混结构建筑火灾主要在不同房间之间蔓延，对于多层建筑，高温烟气很容易从楼梯向上层建筑蔓延，造成其他房间起火。

图 1-10 农村钢筋混凝土结构建筑

1.3 农房防火现状

1.3.1 火灾隐患较多

农村自建房数量多，建筑缺乏统一规划。在北方农村，烧火炕取暖的形式仍比较常见，柴火堆放在院内，遇明火容易起火燃烧，如图 1-11 所示。近年来，随着生活条件的改善，农村使用大功率电器增多，用电总功率在不断增大，但是电力线路却较为老旧，承载能力较低，发生电气火灾的风险增大。

图 1-11 农村院内柴草垛

1.3.2 消防基础设施不完善

消防基础设施建设是农村建筑防火的重要环节。但是由于主体责任不落实、地区经济条件有限、农村地区消防经费投入有限，因此广大农村地区的消防基础设施相对薄弱；在消防水源方面，农村消防水源以天然水源为主，消防水池较少，水源附近缺少取水码头等设施，消防车很难靠近吸水；道路交通方面，农村道路往往较窄，不适合大型车辆通过，经常出现救援车辆到场后不能接近起火房屋等局面，如图 1-12 所示。

图 1-12　桂林市龙胜县金竹寨

1.3.3　消防规划有待完善

农村房屋以自建房居多，规划并未得到统一，村庄布局不够科学，在建造之初未考虑防火间距和消防通道等要求，导致建筑防火间距达不到标准要求，消防通道无法保持畅通，如图 1-13 所示。建筑发生火灾后，很容易向相邻建筑蔓延。一些西南地区的木结构建筑还存在依山而建的情况，火灾还可能发生立体蔓延。道路方面，通往村庄的道路普遍较窄，无法满足大型消防车辆的通行要求。

图 1-13　黔东南黎平县某村落

1.3.4 火灾救援力量不足

早发现、早扑救是减小火灾蔓延范围、降低火灾损失的最佳方式。然而，现有消防救援力量大多部署在城市中心城区和县城区域，救援范围虽然能够辐射周边乡镇，但是由于城区堵车、乡镇道路狭窄等原因，消防救援到场时间需要半小时或更长时间，如图 1-14 所示。针对这一问题，乡镇专职消防队作为专业救援队伍外的有力补充，在救早、救小方面取得显著成效。然而乡镇专职消防队建设仍存在建设力度不大、保障维护经费不到位等问题，消防救援能力难以得到全面发挥。志愿消防队作为专职消防队的补充，一般由村 / 居委会组织，但在农村地区劳动力外流，建立一个相对稳定并拥有一定战斗能力的志愿消防队仍面临诸多困难。

图 1-14　城市和乡镇消防救援队伍建设

2 火灾防控基础

2.1 防火安全目标

2.1.1 消防安全目标

农房建筑防火目标包括防止火灾发生和降低火灾损失，如图2-1所示。根据燃烧三角形理论，物体发生燃烧需要具备点火源、可燃物和空气三个条件。实际条件中空气不可避免，因此防止火灾发生主要从消除点火源和减少或消除火灾荷载方面考虑。初起火灾最容易被扑灭，因此为尽可能降低火灾损失，早发现、早灭火是最佳方式。此外，降低火灾损失要控制过火面积，控制火灾大面积的蔓延。火灾发生后首要任务是保证人员安全，做好人员疏散，在发生火灾后第一时间内疏散建筑内的人员，能够减少火灾导致的人员伤亡。

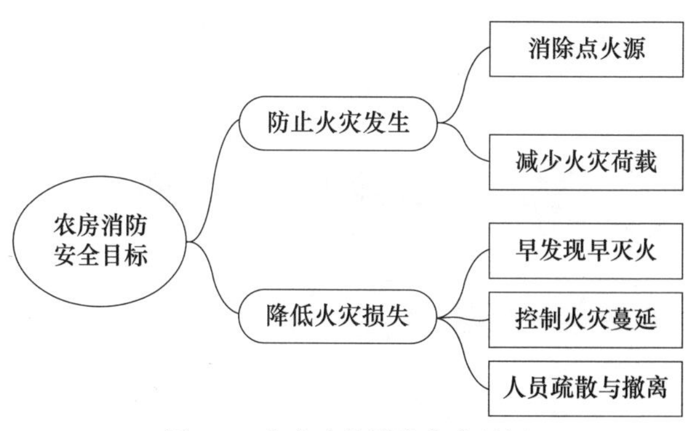

图2-1　农房建筑消防安全目标

2.1.2 消防安全与经济发展水平相适应

村镇建筑的类型多种多样，主要有木结构、砖木结构、砖混结构、钢筋混凝土结构等，其中前两类耐火等级较低，火灾危险性大。砖混、钢混结构建筑虽然自身耐火等级高，但是其内部有大量可燃物等火灾荷载，或使用了可燃的装修材料，防火间距不足或无防火间距，容易发生建筑间的火灾蔓延。此外，由于各地经济发展水平存在一定差异，消防安全投入要与当地经济发展水平相协调。村镇建筑火灾防控的目标有两个：一是风险水平与社会经济相适应；二是消除区域系统性火灾风险，避免火灾范围扩大，如图 2-2 所示。

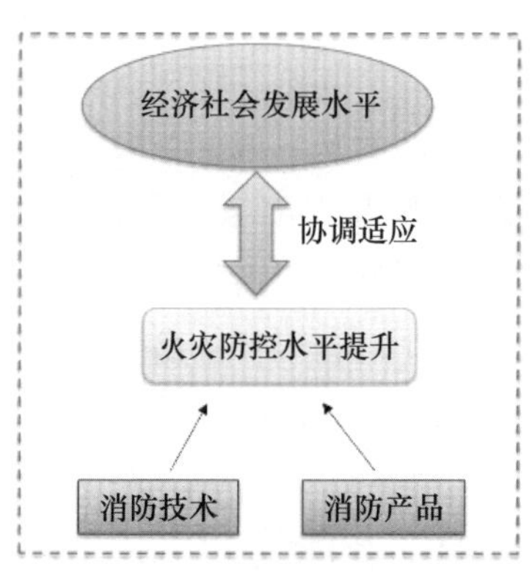

图 2-2　农房建筑消防安全防控与经济水平相适应

2.2 火灾发生与发展

2.2.1 火灾基本概念

1. 火灾分类

按照可燃物的燃烧特性，火灾可分为 A、B、C、D、E、F

六类，如图 2-3 所示。其中 A 类火灾是指固体可燃物火灾，可以通过水或含水溶液进行灭火。B 类火灾是指可燃液体火灾。C 类火灾是指可燃气体燃烧形成的火灾，如天然气、液化石油气等。D 类火灾是指活性金属火灾，如钠、钾、锂、锆、钛等或其他禁水性物质燃烧引起的火灾。这类火灾需要根据可燃金属的特性采用特定灭火剂。E 类火灾指带电火灾，涉及通电中的电气设备引起的火灾，如电器、变压器、电线、配电盘等。此类火灾可用不导电的灭火剂控制火势或者切断电源，再根据情况按照 A 类或 B 类火灾进行处理。F 类火灾是烹饪器具内的烹饪物如动植物油脂引发的火灾。对于农房建筑火灾，除 D 类火灾外，其余都是常见的火灾类型。

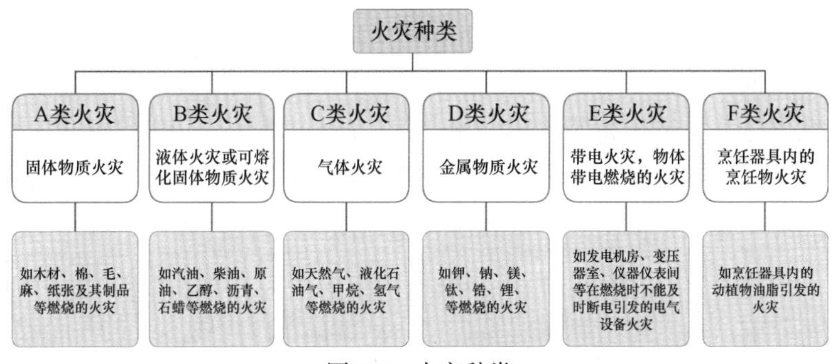

图 2-3 火灾种类

2. 燃烧三角形

火灾是指在时间或空间上失去控制的燃烧。燃烧离不开燃烧三要素，如图 2-4 所示，即：可燃物、助燃物、点火源，其中点火源也称温度达到着火点。对于空气中发生的燃烧，其助燃物主要为空气中的氧气。燃烧三要素中缺少其中任何一个，燃烧便不能发生。对于已经进行的燃烧，若消除其中任何一个条件，燃烧便会终止。由于空气中的氧气不可避免，要预防火灾发生，需要从可燃物和点火源两方面入手。

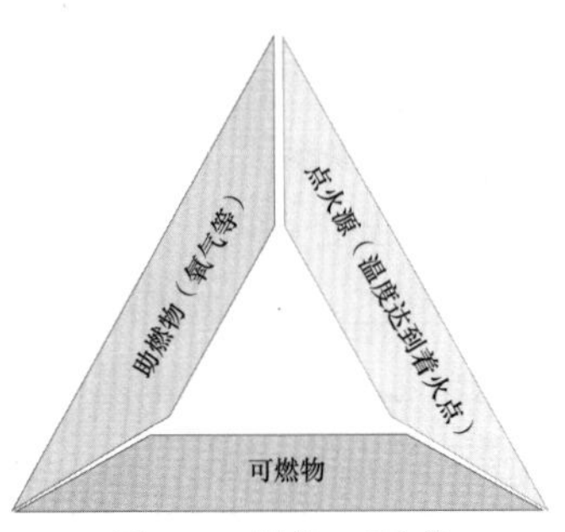

图 2-4　燃烧三要素

3. 火灾荷载

建筑内可燃物越多，着火时间越长，建筑遭受的破坏也越严重。常用火灾荷载作为衡量建筑物室内所容纳可燃物数量多少的一个参数。火灾荷载是指建筑物容积内全部可燃物燃烧所释放的热量，其常用单位是 MJ。通过统计不同种类可燃物的质量，结合每种可燃物的热值，可以计算建筑物内的总火灾荷载。火灾荷载可分为固定火灾荷载和移动火灾荷载。其中固定火灾荷载是指墙壁、顶棚、楼板等结构材料以及装修材料所采用的可燃物。移动火灾荷载是指家具、书籍、衣物等构成的可燃物。为了研究火灾情况和对比分析，一般把单位建筑面积上的火灾荷载称为火灾荷载密度，它是衡量建筑物室内单位面积可燃物多少的一个参数，如图 2-5 所示。

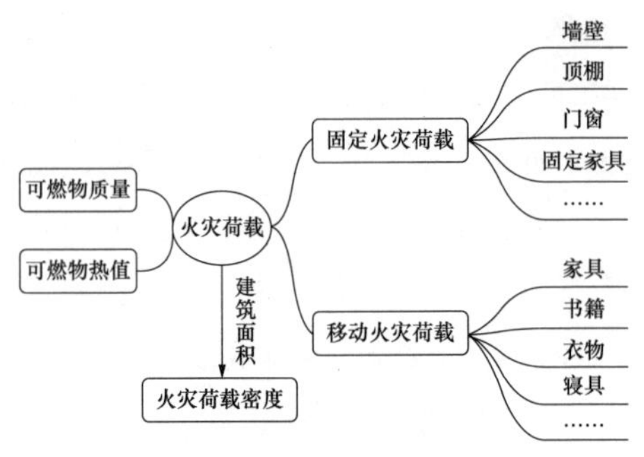

图 2-5　建筑物内火灾荷载及类型

4. 火羽流与顶棚射流

火羽流可以简单描述为火焰产生的垂直上升的气柱。火灾中烟气受浮力影响不断上升，到达顶棚后，开始水平移动，形成一个顶棚射流层，如图 2-6 所示。由于热烟气层的下方发生空气卷吸，热烟气层在流动过程中逐渐加厚。

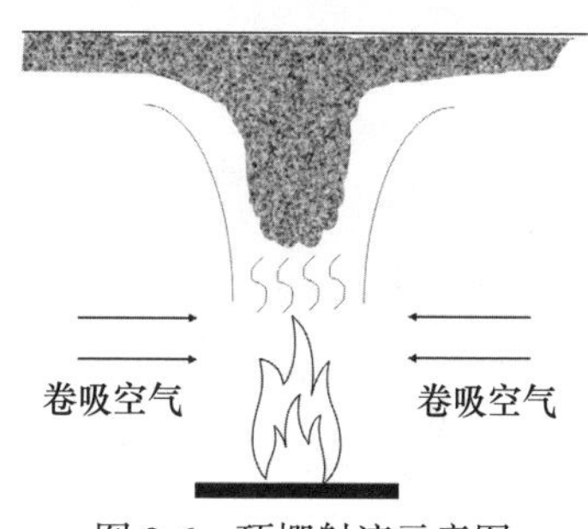

图 2-6　顶棚射流示意图

5. 火灾危害

火灾一方面损坏建筑物及其内部财物，造成财产损失；另一方面，建筑火灾直接威胁到火场区域及相邻区域的人员安全。一般认为，火灾对人员的安全威胁主要包括以下六大类：氧气耗尽、火焰、热、毒性气体、烟气和建筑结构强度衰减。根据历史火灾死亡统计资料，大部分罹难者是由于吸入过量的 CO 等有毒有害气体致死，如图 2-7 所示。

图 2-7　火灾致死主要原因

2.2.2 火灾蔓延方式

火灾蔓延主要通过热量的传递来完成。房间内的蔓延主要通过直接燃烧和热辐射作用。火由起火房间向其他房间蔓延主要通过热传导、热辐射、热对流、火焰接触及延烧来实现，如图 2-8 所示。

图 2-8 热量传递方式

1. 热传导

热传导是物体一端受热，通过物体分子的热运动，把热量传递到另一端。例如建筑火灾释放的热量，可以通过导热性好的建筑构件或设备，传递到相邻或上下层房间的可燃物，进而引发火灾和蔓延。火灾通过热传导的方式进行蔓延传播的前提条件是有良好导热性的介质。

2. 热对流

热对流是指通过流动介质热微粒由空间的一处向另一处传播热能的现象。热对流是热量传播的主要方式，是火灾初期发展的主要影响因素之一。当建筑火灾发展到一定阶段后，随着门、窗等构件的损坏，烟气和火焰通过走廊蔓延，引燃周边的可燃物，火灾传播到其他空间。

3. 热辐射

热辐射是热量传递的方式之一，一切温度高于绝对零度的物

体都能产生热辐射。温度越高，辐射的总能量越大，短波成分也越多。一般热辐射主要靠可见光和红外光线传播，温度较低时，主要以红外光进行辐射。当物体温度在 500～800℃时，热辐射中最强的波长成分在可见光区域。由于热辐射是通过电磁波形式进行热量传递，因此不需要任何介质。对于建筑火灾，火场主要通过热辐射的形式影响相邻建筑物。

4. 火焰接触和延烧

火焰接触和延烧是建筑火灾中最常见的蔓延方式之一。火焰接触主要发生在距离较近的条件下，火源火焰接触可燃物并将其引燃。延烧是指固体可燃物表面起火，火焰沿材料表面向四周蔓延的现象。

2.2.3 火灾蔓延途径

根据实际建筑火灾情况，火从起火房间向外蔓延的途径主要有外墙窗口、内墙门、隔墙、楼板、空心结构和竖井等，如图 2-9 所示。当下层房间起火时，火焰从窗户穿出，从下层窗户窜到上层室内，然后逐层向上蔓延。因此，为了防止火势的垂直蔓延，要求上下层窗户之间尽可能大。可以利用过梁挑檐、阳台及不燃性雨篷等设施，使火焰和烟气偏离上层窗户，以达到阻止火势向上层蔓延的目的。除了窗户外，前述内墙门、隔墙、楼板等，当受热损坏后也会成为火灾蔓延的途径。

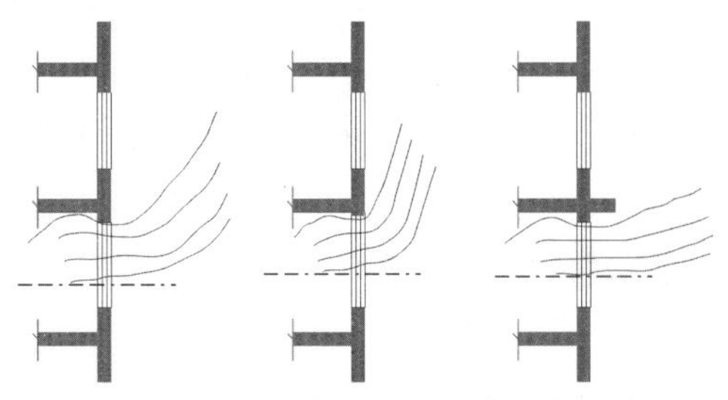

图 2-9 窗口上部位置对热气流的影响

2.2.4 建筑火灾发展过程

根据室内火灾温度随时间变化的特点，可以将火灾分为初起阶段、发展阶段、猛烈燃烧阶段、衰减阶段、熄灭阶段5个过程，如图2-10所示。每个过程火灾燃烧速率与热释放速率有很大不同，其灭火难度也逐渐变化。当点火源较小时，如电火花、烟头等小火星，该类点火源把衣物、被褥、纸张等物品点燃后，经过一段时间阴燃逐渐变成明火，但是燃烧范围仅限于小范围。此时燃烧温度缓慢上升，在这一阶段，房间内人员可安全疏散出去，若发现及时，可轻易用灭火器、水或其他工具把火扑灭。初起阶段时间长短取决于点火源性质、数量、位置、周围可燃物数量及通风情况。在火灾发展阶段，火灾已经从起火源处扩散到相邻区域，火灾控制难度相较于初起阶段较大。在这之后的快速燃烧阶段，火灾控制难度更大。对于偏远地区，消防救援到达时，火灾基本已经处于这个阶段。随着可燃物的消耗，最后火灾进入衰减阶段，温度逐渐降低，直至火焰熄灭。

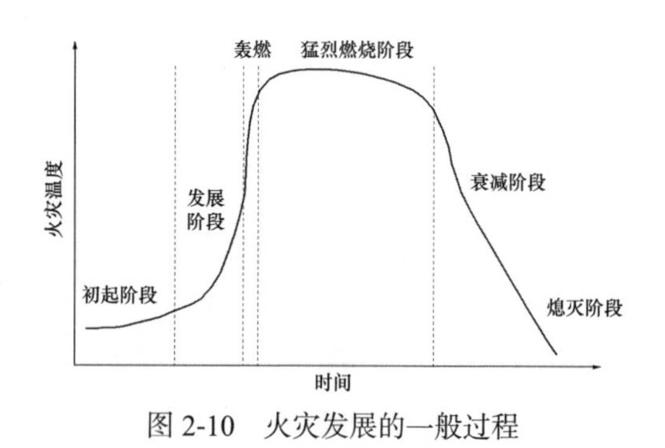

图2-10 火灾发展的一般过程

2.2.5 火灾发展中现象

1. 阴燃

阴燃是可燃物发生没有火焰而缓慢燃烧的现象。阴燃是固体燃烧的一种形式，通常产生烟气并伴有温度上升等特征，与有焰燃烧的区别是无火焰，如图 2-11 所示。阴燃热源同时可以成为引起其他物质阴燃的热源，如未熄灭的烟头可以导致引燃木屑、被褥、地毯等物品的阴燃。当阴燃持续到一定程度后，可燃物温度上升并接近燃点，一旦氧气充足，就会进入有焰燃烧阶段。

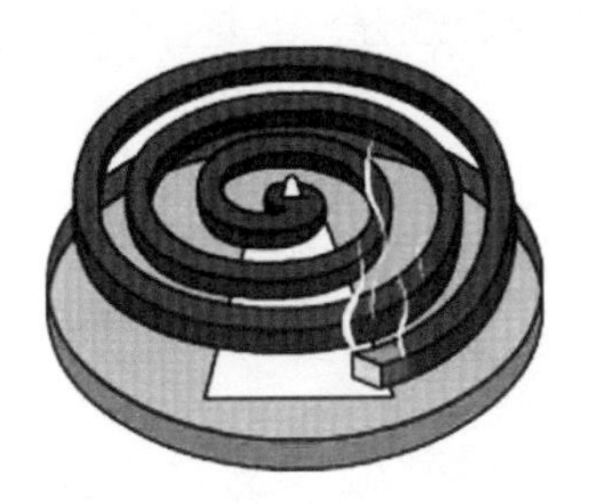

图 2-11　蚊香阴燃

2. 轰燃

轰燃是指当温度达到一定值时，房间内由局部燃烧向全局燃烧过渡的现象。由于房间内可燃物热解、汽化，积聚在房间内的可燃气体突然起火，整个房间充满火焰，房间内所有可燃物表面都将开始猛烈燃烧，房间内温度迅速升高。轰燃是室内火灾最显著的特征之一，它标志着火灾全面燃烧阶段的开始，如图 2-12 所示。对安全疏散而言，若在轰燃之前人员还没有从室内逃出则很难幸存。

图 2-12　火灾试验轰燃发生时图像

3. 回燃

回燃发生在火灾衰减阶段，是指当室内通风不良、燃烧处于缺氧状况时，由于空气的引入导致热烟气发生的爆炸性或快速的燃烧现象。由于开始时的燃烧过程以及燃烧结束后的高温环境，可燃物仍然进行热解并释放大量可燃气体，此时一旦通风条件改善，可燃气体与空气充分混合，当混合气被明火或灰烬点燃后，会形成快速的火焰传播，在室内燃烧的同时，在通风口外也能够形成巨大的火球，如图 2-13 所示。

图 2-13　回燃现象

2.3 火灾防控技术

建筑防火分为主动防火和被动防火。主动防火是指防止火灾发生，及时发现火灾并灭火，其目标是不着火或者着小火。被动防火是指通过提高或增强建筑构件或材料承受火灾破坏能力，防止火灾扩大和增强疏散能力，被动防火的目标是把火灾及损失控制在一定范围内，控制火灾的规模，减少火灾损失。根据两种不同的思路，在火灾防控技术的应用领域也分为主动防火技术和被动防火技术，如图 2-14 所示。

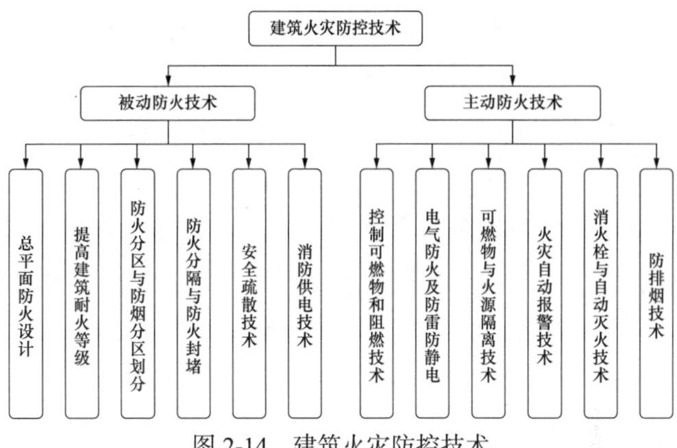

图 2-14　建筑火灾防控技术

2.3.1　被动防火技术

1. 建筑总平面布局

农村建筑应根据其使用性质、火灾危险性、周边环境、生活习惯、气候条件与经济发展水平等因素合理布局，如图 2-15 所示。农村建筑内常设有柴草或饲料等可燃物堆垛时，其堆垛宜设置在相对独立的安全区域或村庄边缘。较大堆垛宜设置在全年最小频率风向的上风侧，不宜设置在电气线路下方。堆垛与建筑、变配电站、铁路、道路、架空电力线路等的防火间距宜符合现行国家标准《建筑设计防火规范》GB 50016 的要求。村民院落内堆放的少量柴草、饲料等与建筑之间应采取防火隔离措施。

图 2-15　农村建筑整体布局考虑因素

农村自建房还有一类建筑或建筑群，其耐火等级低、相互毗连、消防通道狭窄不畅通、消防水源不足。此时应采取改善用火和用电条件、提高耐火性能、设置防火分隔、开辟消防通道、增设消防水源等措施。村庄内道路因考虑消防车通行需要，宜纵横相连，间距不宜大于160m，消防车道的净宽、净空高度不宜小于4m，路面满足消防车辆的转弯半径和承受消防车满载时的压力要求。同时，尽头式车道满足相应消防车辆的回车要求。消防车道应保持畅通，供消防车通行的道路严禁设置隔离桩、栏杆等障碍设施，不得堆放土石、柴草等影响消防车通行的障碍物，如图2-16所示。

图2-16　消防车道

2. 提高建筑及构件的耐火等级

现行国家标准《建筑设计防火规范》GB 50016把建筑物的耐火等级分为四级。建筑物的耐火等级由建筑构件（墙、梁、柱、楼板等）的燃烧性能和耐火极限共同决定。民用建筑根据其建筑高度和层数可分为单、多层民用建筑和高层民用建筑，对于农村自建房，绝大多数建筑高度不大于27m，因此农村自建房大部分可归为单、多层民用建筑。通过尽量采用不燃和难燃性建筑材料和构件以及提高构件的耐火性能，可以提高建筑整体的耐火性能。对于使用可燃材料作为建筑材料和构件的建筑，可以通过采取防火涂料、外敷防火板等方式提高构件的耐火极限，从而提升建筑的耐火等级，如图 2-17 所示。

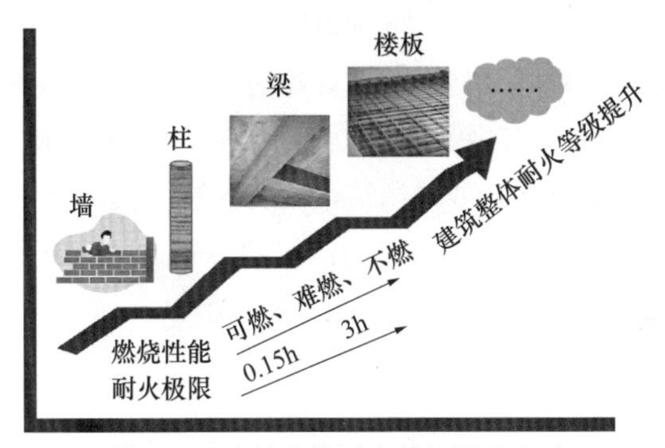

图 2-17 建筑整体耐火等级提升方式

3. 合理确定防火间距

防火间距是防止起火建筑在一定时间内引燃相邻建筑，便于消防灭火的间隔距离。防火间距的大小与建筑的耐火等级息息相关。建筑的耐火等级高，相应的建筑间的防火间距较小。对于砖木和木结构等建筑耐火等级较低的建筑，所需的防火间距增大。一般情况下，不同建筑防火间距的规定，如图 2-18 所示。

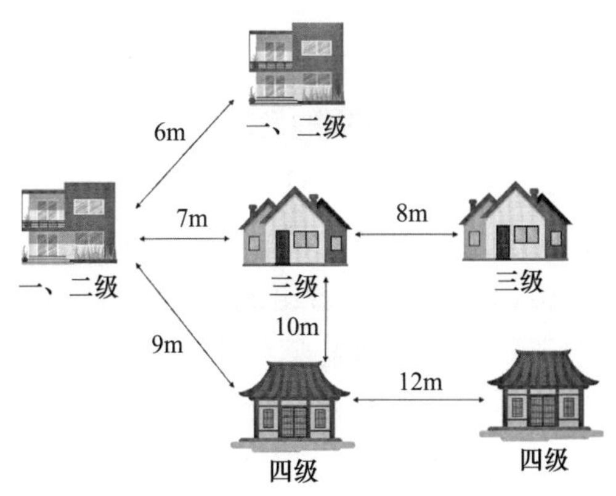

图 2-18 建筑防火间距与耐火等级的关系（高层建筑除外）

4. 防火分区

防火分区是指采用防火墙、楼板、防火门、防火卷帘等分隔设施，在一定时间内把火灾限制在一定区域内，起到阻止火势蔓延、减少火灾损失的作用，如图 2-19 所示。防火分区的面积大小由建筑耐火等级确定。对于农村自建房中常见的单、多层民用建筑，耐火等级为一、二级，其防火分区最大允许面积为 2500m^2。耐火等级为三级的单、多层建筑最高为 5 层，其防火分区的最大允许面积为 1200m^2。耐火等级为四级的单、多层建筑，防火分区最大允许面积为 600m^2。

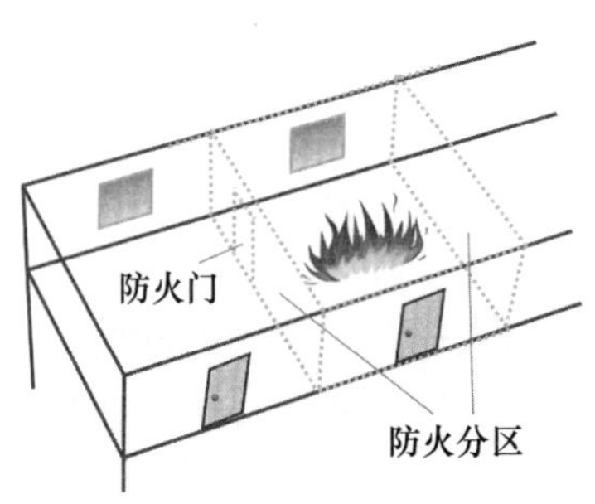

图 2-19　防火分区面积大小的确定

2.3.2　主动防火技术

主动防火是指采用火灾探测报警技术、喷水灭火或其他灭火技术、烟气控制技术等限制火灾的发生和发展。

1. 火灾自动报警系统

火灾自动报警系统由触发装置、火灾报警装置、联动输出装置以及具有其他辅助功能的装置组成，如图 2-20 所示。火灾探测器主要分为感烟探测器、感温探测器、火焰探测器与特殊气体探测器等。火灾探测器的选型需要根据建筑的类型进行选择。目前应用最多的是感烟式火灾探测器，因为烟气是火灾早期信号之一。但是对于有香火燃烧的建筑，应避免使用此种类型的火灾

探测器。还可以采用多种探测器组合的形式，以达到更加准确的判断。

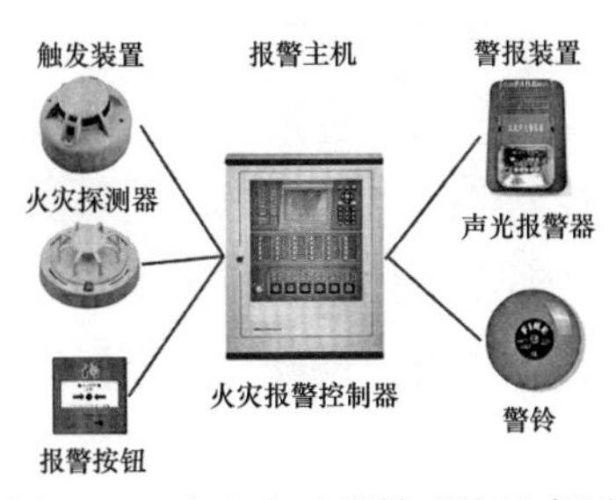

图 2-20 火灾自动报警系统示意图

2. 自动灭火系统

自动灭火系统是结合火灾探测的结果，通过系统，自动判断开展火灾扑救的设施。根据灭火剂的种类不同，常用的有自动水灭火系统和自动气体灭火系统，如图 2-21 所示。目前，市场上使用较多的灭火剂有水、二氧化碳、泡沫、蒸汽、干粉、卤代烷等。由于水廉价易获取，因此基于水的自动灭火系统最为常见，但是对于存放珍贵文物、书籍或精密仪器等场所的建筑，为减小水渍对物品和设备的影响，宜选用自动气体灭火系统。农村房屋基本为自建房，大部分没有火灾自动报警系统和自动喷水灭火系统，可以利用简易储水装置，建立简易火灾喷淋系统。

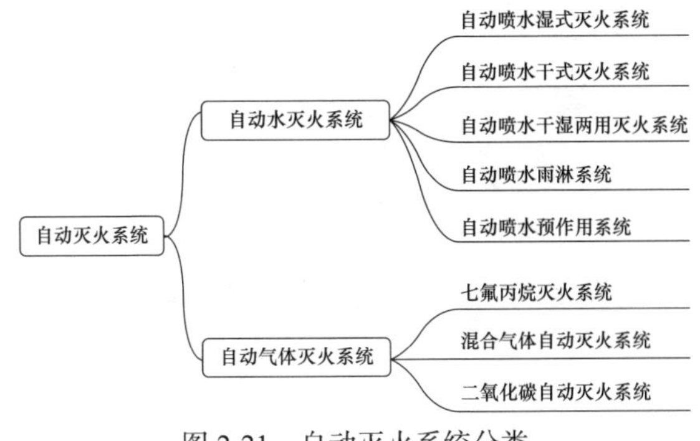

图 2-21 自动灭火系统分类

3. 电气火灾监控系统

电气火灾是民用建筑火灾的主要类型之一，安装电气火灾监控系统是预防该类火灾事故的有效手段之一，如图 2-22 所示。当被保护电路中的被探测参数超过报警设定值时，电气火灾监控系统能够发出报警、控制信号，同时指示报警部位。其工作原理是通过电磁感应原理、温度变化的效应采集剩余电流、温度、电流等参数的异常情况，经过处理、放大和分析后，判断是否需要发出预警信号。

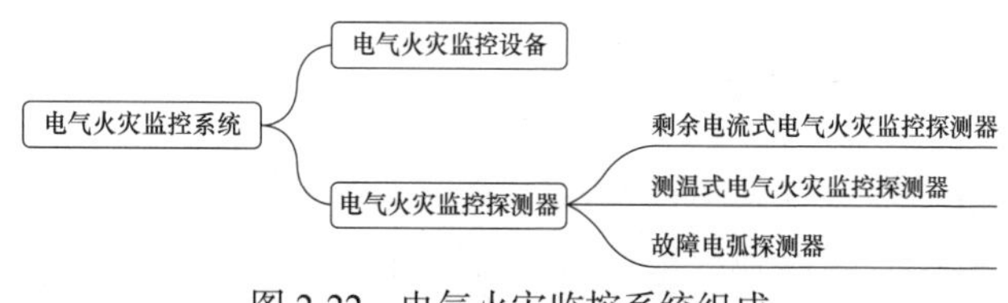

图 2-22　电气火灾监控系统组成

4. 农村智慧消防大数据平台

随着物联网、大数据应用的普及，智慧消防也逐渐应用到农村消防工作中。农村智慧消防大数据平台，是综合利用物联网、大数据、云计算、人工智能等技术手段，对农房建筑消防安全实施智能监测、智能报警、智能防控的智能管理应用平台，如图 2-23 所示。

图 2-23　农村智慧消防云平台应用

2.4 火灾防控管理

1. 消防安全管理制度

制定消防管理制度对农村自建房的火灾防控至关重要。地方消防管理部门需要联合村级工作人员，制定村级消防安全管理制度，如图 2-24 所示，其主要包括制定村级建筑消防安全管理和检查规程，规定农房消防检查的区域、内容和频次，建立定期的消防检查制度。此外还要制定村级的消防救援应急方案和消防安全培训和演练制度，对预案的内容进行优化，提升村民应对建筑火灾的应急处置能力。

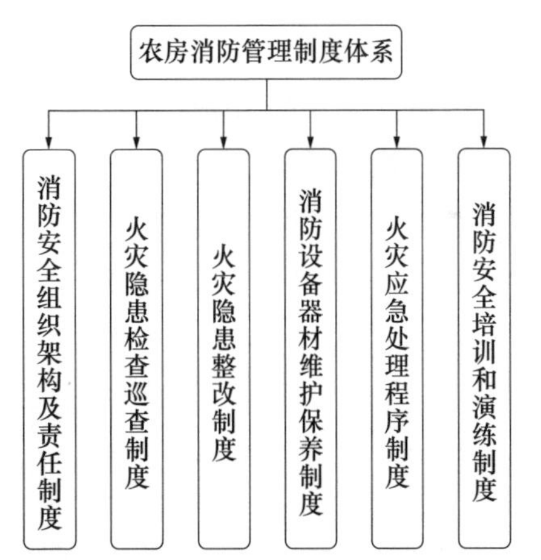

图 2-24 农村自建房消防安全管理制度体系

2. 建立基层防火组织构架

根据村级消防管理制度，应建立农村自建房火灾防控和消防应急救援组织架构，明确各层级和区域的负责人和职责。前文提到的农村基层专职和基层消防队伍建设，需要明确专职消防队和志愿消防队的负责人，明确专职消防救援队伍和志愿消防救援队伍的职责，如图 2-25 所示。针对消防救援装备和设备器材缺乏维护的情况，指定专职人员进行管理，定时上报和更新损坏或老旧的设备和器材。通过建立农村基层的消防组织架构，提升应对突发火灾的应急救援和处置突发情况的能力。

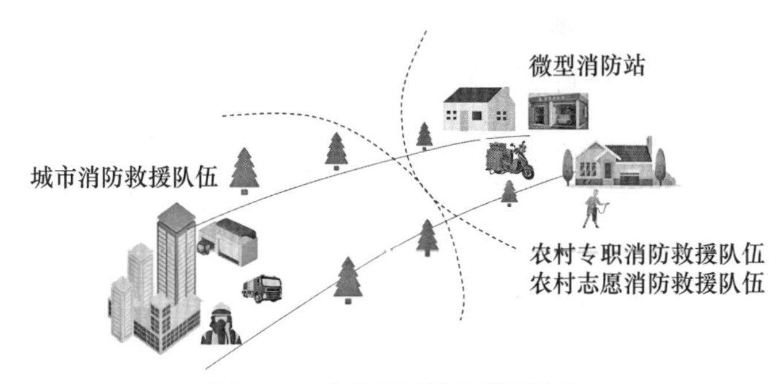

图 2-25　农村基层消防救援队伍

3. 农村自建房火灾危险源管理

根据农村消防网格化排查的结果，确定农村自建房火灾危险源的种类和位置，并根据其影响范围确定火灾危险性大小，然后建立村级自建房的消防安全档案，确定定期检查的重点和频次。针对易发生电气火灾等火灾危险性大的建筑，提出针对性的火灾防控措施并加强日常的监督管理。在防火改造后，建立定期的回访和监督检查机制，进一步巩固农村自建房的消防改造的成果，如图 2-26 所示。

图 2-26　农村消防网格化管理示意图

4. 消防安全教育与演练

人员的消防意识与消防安全息息相关，而良好的消防意识与消防教育的落实密切相关。农村的消防宣传除了设置消防宣传栏和发放宣传单、宣传资料外，基层管理部门应联合消防部门建立消防宣传培训制度，定期组织当地居民学习消防知识和逃生自救常识，通过模拟火灾开展火灾疏散逃生和自救演练。通过消防宣传教育和消防演练，提高群众消防安全意识，提升群众防火、灭火技能，能够有效防范火灾事故发生，如图 2-27 所示。

图 2-27　开展各类形式的消防安全宣传教育

3 防止火灾发生技术及方法

3.1 火源控制

据统计，48.3% 的农村火灾是由于村民生产、生活过程中用火、用电、用气、用油等不慎造成的。农村常见的点火、照明等物品均具有引发火灾的危险性。例如，燃着的蜡烛火焰温度高达 1400℃，煤油灯的灯头火焰温度在 800～1000℃，而夏天经常用来驱蚊的蚊香火点的温度在 700～800℃。如此高的温度，足以将纸张（卷纸、报纸、书本等）、桌布（棉麻、塑料、绸缎等材质）、蚊帐、衣物等引燃。为防止这类火源使用不慎意外引发火灾，蜡烛、油灯、蚊香等应放在不燃材料做成的基座上使用，并且与油、纸、布、塑料等可燃物距离不应小于 0.5m，防止引发火灾，如图 3-1 所示。

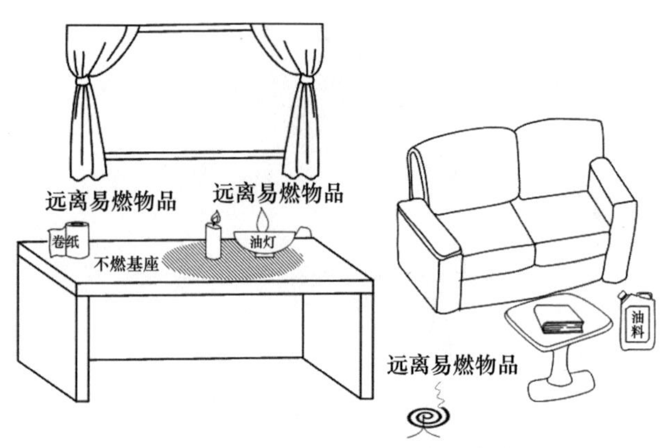

图 3-1　火源放在不燃基座上并远离可燃物

与蜡烛等明火燃烧有所不同，香烟点燃是一种没有火焰的阴燃，其火灾危险性常常被忽略。但实际上烟头会释放出大量热量，其表面温度在200～300℃，中心温度可达700～800℃，能够引燃大部分可燃物。所以，村民要注意不可卧床或躺沙发上吸烟，防止高温未熄灭的烟头、烟灰掉落在衣物、床单、沙发等可燃物表面从而引发火灾。此外，点燃后的香烟包括吸完的烟蒂要置于不可燃的烟灰缸内或确保烟头完全熄灭后再丢进垃圾桶，如图3-2所示。

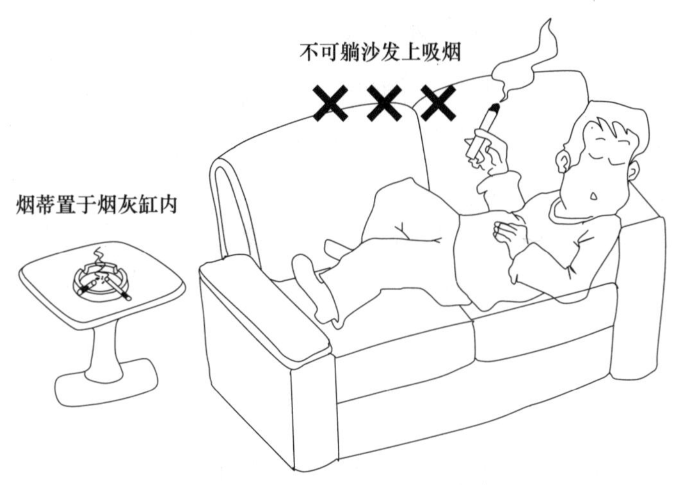

图3-2 抽烟需要注意消防安全

打火机、杀虫剂喷瓶等内部的液体均为可燃易燃品，在阳光的暴晒下温度升高、内部压力增大，容易发生爆炸并引发火灾，因此这些装有易燃易爆危化品材料的物品，不宜放置在阳台等阳光可以直射的地方。此外，户外的阳光通过窗户照射在窗台的玻璃瓶时，玻璃瓶可能会起到凸透镜的作用，将阳光聚焦在某一点，聚焦的光束形成高温照射点而点燃可燃物。因此在阳光照射强度大的天气，椭圆形玻璃瓶等不宜放置在阳台上，应避免阳光直射且远离可燃物放置，如图3-3所示。

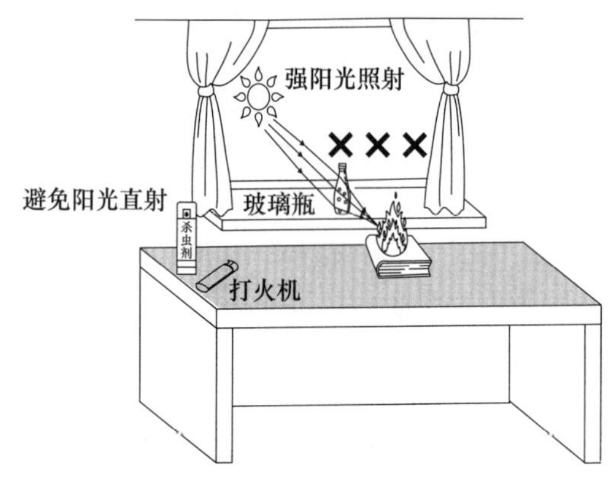

图 3-3 阳光也可能变成火灾“凶手”

烟熏肉久藏不腐，我国西南地区农村居民会在屋内利用火堆熏制腊肉、香肠。由于西南地区农村房屋多为木质建筑，熏制过程中若不注意用火安全，容易引发火灾，引燃整栋建筑。木质建筑火势发展快，建筑间距小，消防救援难，火势进一步扩大会造成村镇建筑群成片燃烧，造成重大损失。因此，熏制时需要注意防火安全：

（1）火堆周边地面不应铺设可燃木材，而是铺砖石等不可燃物防止被引燃；

（2）熏烤腊肉的周围不应放置易燃物品；

（3）熏烤腊肉前宜做好防火措施，例如准备好灭火器或在水盆里装满水，以备不时之需；

（4）在熏烤完成后应采取用水将余火浇灭等措施防止发生火灾，如图 3-4 所示。

厨房作为用火频繁的场所，火灾危险性较大，一旦发生火灾，为将其危害限制在一个区域内，厨房应与建筑内其他部分分隔并靠外墙设置，墙面采用不燃材料。用于炊事和供暖的灶台、烟道、烟囱、火炕应选择不燃材料建造，一般可在黏土内掺入适量的砂，防止因高温引起开裂漏火。燃煤、燃柴草炉灶使用过程中易飞溅火星，而且会产生未完全燃烧的余烬，煤炭、柴草等可燃物距其较近易引发火灾，因此灶台周围 1m 范围内不应堆放煤炭、柴草等可燃物，如图 3-5 所示。

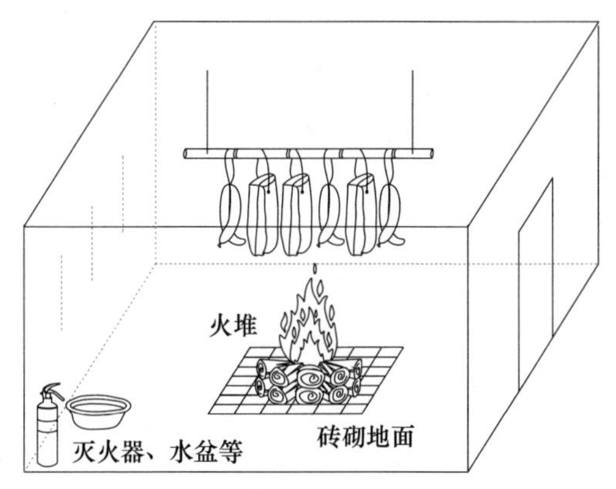

图 3-4　室内熏制腊肉应做好防火措施

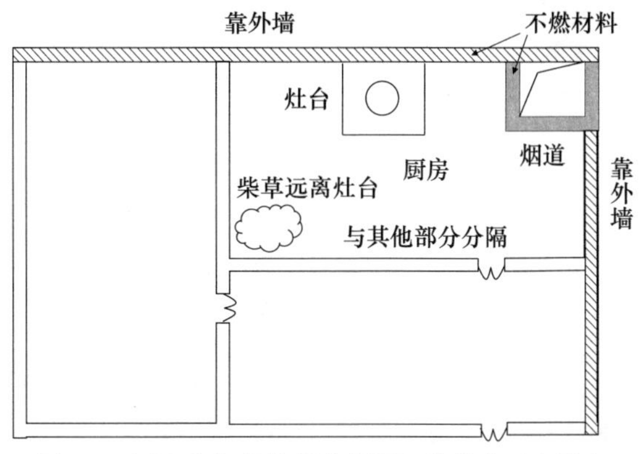

图 3-5　厨房应与其他部分分隔、柴草应远离灶台

炉灶烟囱中存在高温烟气并伴有火星，因此烟囱穿过可燃或难燃屋顶时，排烟口应高出屋面不小于 50cm，并应在顶棚至屋面层范围内采用不燃材料砌抹严密，防止漏火。柴草、饲料等可燃物堆垛较多，耐火等级低的连片建筑或靠近林区的村庄，其建筑的烟囱上应采取防止火星外逸的有效措施，例如加装防火帽，

以熄灭火星，防止高温火星外逸，随风飘落引燃周边柴草、树木，造成火灾。此外，当烟道直接在外墙上开设排烟口时，例如冬天烧炭取暖用炉灶，为了方便拆卸，烟气会由金属薄片制作的烟道直接经过外墙孔通向室外，在天气转暖后则将其拆除，此时外墙应为不燃体，且排烟口应突出墙外至少 25cm，如图 3-6 所示。

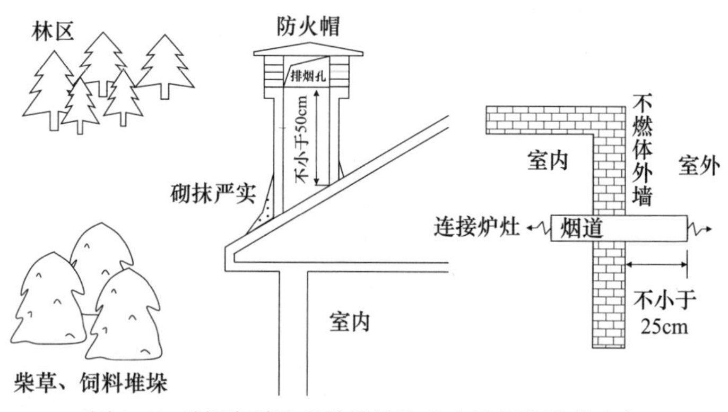

图 3-6　对烟囱采取有效措施防止火星外逸造成火灾

除土灶外，农村家庭也会选择方便的燃气灶。需要注意燃气灶相邻的墙面应为不燃材料，否则应加防火隔热材料；灶具的灶面边缘必须与易燃物（木质家具、塑料袋、塑料瓶、干抹布等）保持 50cm 以上的安全距离；灶台应采用不燃材料，如：水泥板、石板、铁板等制作，否则需要加防火隔热板。另外据统计，90% 以上的室内燃气事故是由连接燃气的胶管出现漏气或脱落问题引起的。因此，连接胶管应采用耐油燃气专用胶管，胶管长度不应大于 2m，燃气灶胶管与燃气管道、接头管、燃烧设备的连接处应采用压紧螺母（锁母）或管卡固定，安装应牢固，中间不应有接头，如图 3-7 所示。

村民将柴草、饲料等可燃物堆垛放置在自家院内时，堆垛不宜过大，以防热量积聚造成自燃，同时也可以避免由于意外原因堆垛被引燃后火势过大不易扑灭的情况发生。并且要在堆垛与房屋之间采取隔离措施。例如，将堆垛设置在专门的闲置库房内，或者与生活的房屋保持足够的防火间距，从而有利于将火势控制在有限的范围内，控制火势蔓延，防止堆垛起火后进一步引燃建筑，如图 3-8 所示。

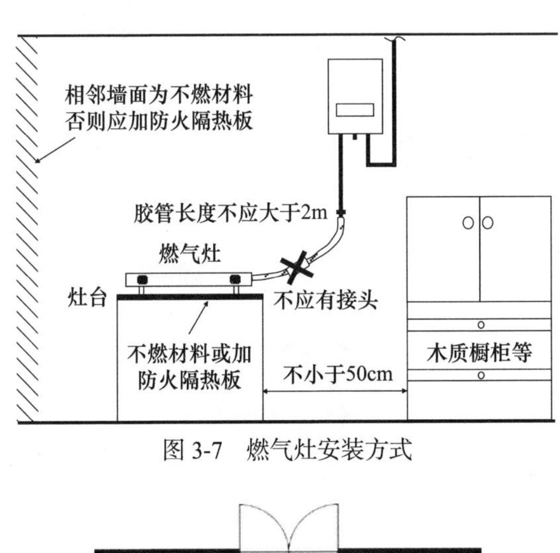

图 3-7　燃气灶安装方式

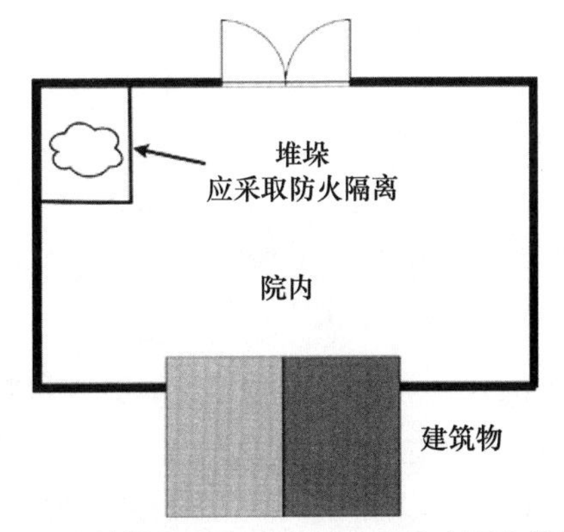

图 3-8　堆垛设置在院内需采取防火隔离措施

目前我国许多地区的农民生活和取暖主要靠煤、柴草及农作物秸秆做燃料，用完后不及时清理余火，带火星的炭灰随处乱倒、洒落，极易引发火灾。因此，明火使用完毕后应及时清理余火，余烬与炉灰等宜用水浇灭或处理后放置在安全地带，以防“死灰”复燃造成火灾。此外，灰烬宜集中存放于室外相对封闭且避风的地方，远离柴草、饲料堆垛，并设置不燃材料围挡，防止灰烬未完全处理安全随风飘落到柴草或者饲料上，引发火灾，如图 3-9 所示。

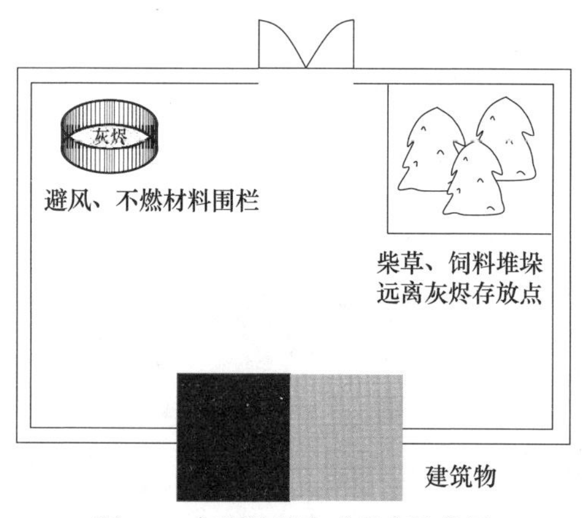

图 3-9　灰烬处理方式及存放位置

室外燃放烟花爆竹、吸烟、动用明火应当远离柴草、饲草、农作物等可燃物堆垛。特别是大风天（五级以上，风速 8～10.7m/s），应避免在室外吸烟和动用明火（包括祭祀用火、燃放烟花爆竹等），防止火星随风飞散引燃柴草堆垛等可燃物引发火灾。在大风天气，一旦发生火灾，火势蔓延迅速，尤其是柴草垛火灾，由于飞火的作用，可能出现“跳跃式”火灾蔓延，使得灭火工作难以开展，如图 3-10 所示。

在受限空间内，可燃粉尘与空气混合形成的粉尘云一旦遇明火就会发生粉尘爆炸。农村中面粉、小麦粉、玉米粉等可燃性粉末在高温下便存在发生粉尘爆炸的风险。因此在做面粉类食物时，最好开窗操作，要避免面粉洒落，并远离灶台天然气等明火区域。此外，屋内还可能存在扬起的棉花、茶叶粉、烟草粉末以及木屑等粉尘，同样要保持通风，及时清理，远离明火。依据《粉尘防爆安全规程》GB 15577—2018，具有可燃性的热粉料贮存前应冷却至常温，贮存地点应避免高温，因此在不使用面粉时，应保存在阴暗、干燥、通风的地方，最后牢记，锅里着火时绝对不要用面粉灭火，如图 3-11 所示。

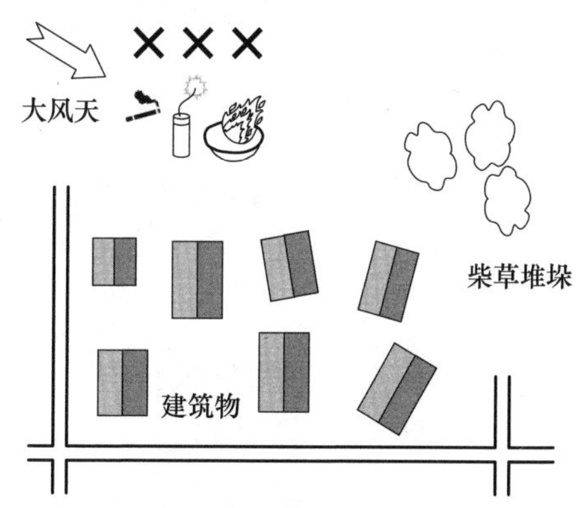

图 3-10 大风天不应在室外吸烟、燃放烟花爆竹、动用明火

图 3-11 面粉等可燃粉尘应远离明火

轿车、摩托车、拖拉机等机动车辆排气管排放的火星温度高达 600～800℃，当车辆与院内堆放的柴草堆垛等易燃物距离过近时，其排气管排放的火星可能会引燃院内柴草堆垛从而引起火灾。因此，当机动车辆在院内停靠时应当与院内柴草堆垛等可燃

物保持一定的安全距离，同时车辆尾气排气管宜佩戴防火帽（一种安装在机动车排气管后，允许排气流通过且阻止排气流内的火焰和火星喷出的安全防火、阻火装置），从根源上降低火灾发生的可能性，如图 3-12 所示。

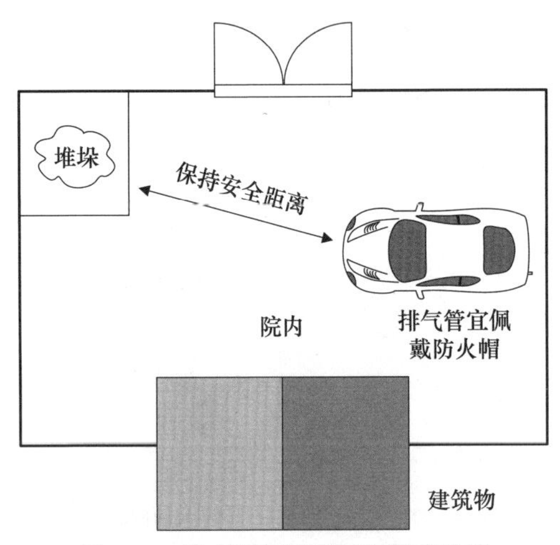

图 3-12　汽车尾气管应远离柴草堆垛

村民在家祭祀，通常设置有塑料或木质台，周围存在大量火源（蜡烛、香、烧纸的火盆等）和可燃物，也很容易引发火灾事故。因此，在远离火盆处设置专门的区域堆放香、蜡烛、纸等祭祀用品；燃香、点蜡、烧纸前需清理周围可燃物；不得将香烛置于塑料烛台上，祭祀时不离人；祭祀完成后确保明火熄灭再离开，以防灰烬复燃或飞火引发火灾；定期清理火盆与香坛内灰烬；若神台上摆放了带电线的长明灯，应定期检查周围电路，及时更换老化电线，如图 3-13 所示。

汽油、煤油、柴油、酒精等为可燃液体，其中汽油、煤油、酒精具有挥发性，容易形成大量的可燃气体，这几种可燃液体也是农村日常生活中经常使用的燃料。因此，不应将其存放在居室内，且应远离火源、热源，防止这些可燃液体被引燃造成火灾和人员伤亡。此外，严禁使用玻璃瓶、塑料桶等易碎或易产生静电的非金属容器盛装汽油、煤油、酒精等易燃液体，而是应当用金属容器盛装这些可燃液体，如图 3-14 所示。

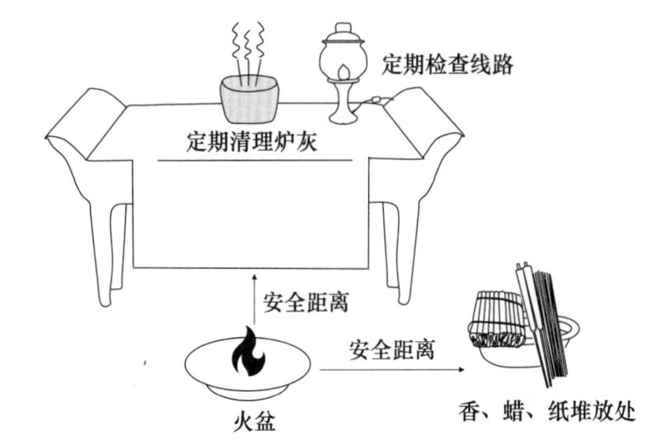

图 3-13 家中祭祀注意防火

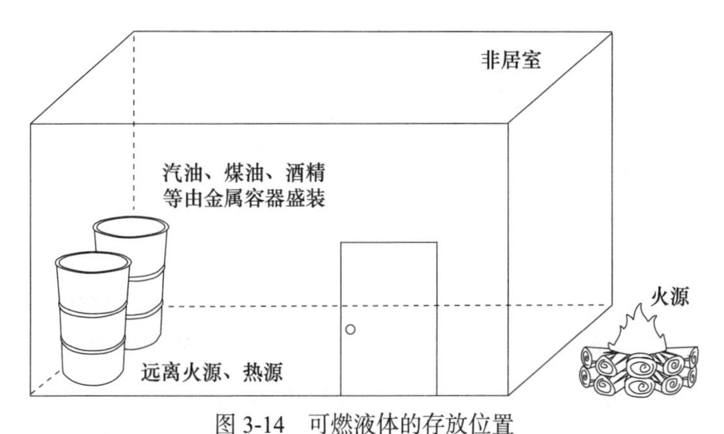

图 3-14 可燃液体的存放位置

3.2 电气火灾控制

近年来，农村集贸市场的假冒、伪劣、“三无”及过期产品出现反弹式增长。这些“志在以价格取胜”的不正规产品对某些农民消费者产生了极大的诱惑。“三无产品”通常指无生产日期、无质量合格证，以及无生产厂家、来路不明的产品。“三无产品”往往存在结构设计不合理、连接部位松动、防漏电保护不达标等安全隐患，容易引发短路造成火灾事故。因此，农民消费者应增强安全意识，自觉抵制“三无产品”，选择正规、合格的电器产品，若产品后期需故障维修，应从正规渠道购买配件，到指定维修网点维修，如图 3-15 所示。

图 3-15　不购买假冒伪劣电器

家用电器都有属于自己的“保质期”。如果家电超期服役会存在很大的安全隐患。随着家用电器使用时长的增加，家用电器容易出现漏电、部件老化等现象，易引发火灾事故。村民应当主动向产品销售人员了解所购买电器产品的安全使用知识和安全年限，或者认真查看产品说明书的使用说明，了解产品的安全使用年限。如果村民发现家用电器有漏电、部件老化等现象，不要怀着“再修修还能用”和“贴个胶纸打点胶水就好”的侥幸心理，尽量更换，如图 3-16 所示。

农村通常会在院内或者村庄周边堆积大量的农作物秸秆、柴草、饲料等用来烧火做饭或者饲养牲畜。农作物秸秆、柴草、饲料等可燃物堆垛在干燥时十分容易被引燃，由于高压电线下方及电气设备附近可能存在漏电等情况，容易出现电火花引燃农作物秸秆、柴草、饲料等可燃物堆垛的危险情况，当火灾未及时被扑救，火势进一步扩大蔓延时还会波及相邻电气设备设施、周边建筑等，对村民的生命财产安全造成威胁。因此农作物秸秆、柴草、饲料等可燃物应禁止堆积在高压电线下方与电气设备附近，如图 3-17 所示。

图 3-16　注意家电的使用年限

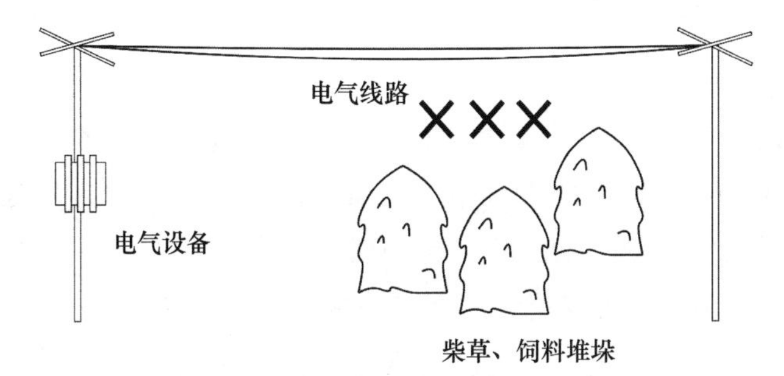

图 3-17　禁止靠近电气线路与电气设备

农村由于日常生活需要，常常在房屋上设置户外照明的电灯。此外，农村公共充电设施缺乏，电动车充电也需要由室内引出外接电源。村民因贪图方便常私拉乱接电线给电动车充电或给户外照明，如果使用的是无绝缘保护的劣质电线，遇短路、超负荷等情况极易引起电线本身的燃烧，进而引燃周边可燃物。此外，电线长期经历风吹日晒，容易老化，存在安全隐患。因此，农村室外用电线路应由具有相关证件的专业电工进行敷设，连接室外的线路应做好保护措施，不应私拉乱接，否则后果不堪设想，如图 3-18 所示。

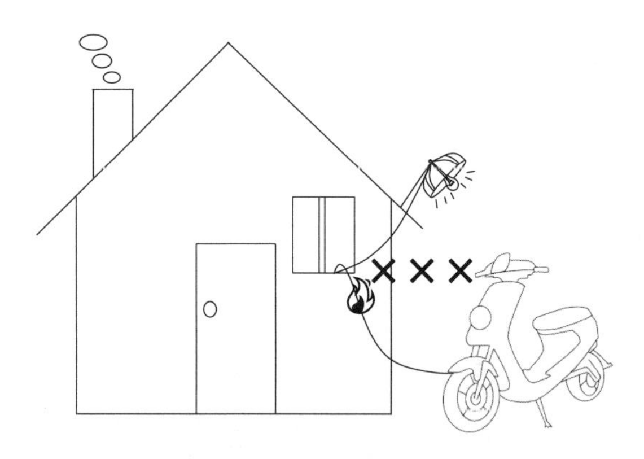

图 3-18　室外用电禁止私拉乱接电线

为了防止电线的绝缘层腐蚀受损以延长电线的使用寿命，农村自建房中的电线应进行穿管保护。此外，室内电气线路不应直接敷设在可燃物上，当必须敷设在可燃物上或在有可燃物的吊顶内敷设时，也应穿金属管、阻燃套管保护或采用阻燃电缆，以起到在电器短路造成电线绝缘层着火的情况下阻止火蔓延的作用。同时，应在开关底部、单独连接开关的灯座安装阻燃板，防止由于短路、电火花等引发火灾，或发生火灾时阻止火蔓延，如图 3-19 所示。

1994 年 12 月 8 日新疆克拉玛依市友谊馆举办文艺演出活动，在演出过程中，舞台纱幕被灯光柱烤燃，由于馆内使用了大量的易燃物品，火势迅速蔓延，并进一步出现电线短路，灯光熄灭，最终导致 300 余人死亡。这场恶性火灾事故给了我们惨痛的教训。因此，在使用照明设备时，应注意防火，灯泡的正下方不应堆放可燃物，照明灯具表面的高温部位应与可燃物保持安全距离，当靠近可燃物时，应采取隔热、散热等防火保护措施，防止灯具的高温表面引燃可燃物，如图 3-20 所示。

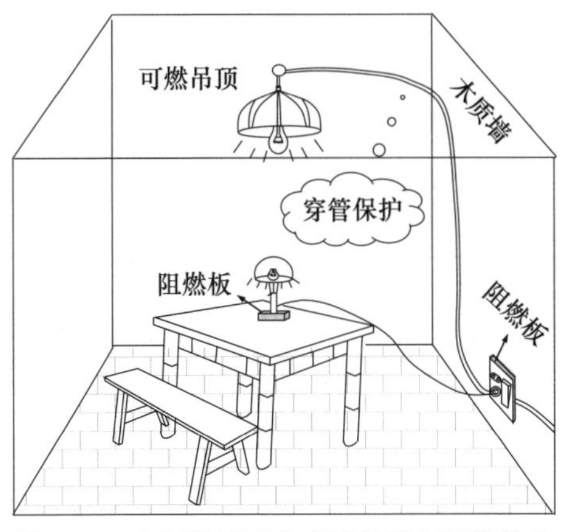

图 3-19 电气线路不应直接敷设在可燃物上

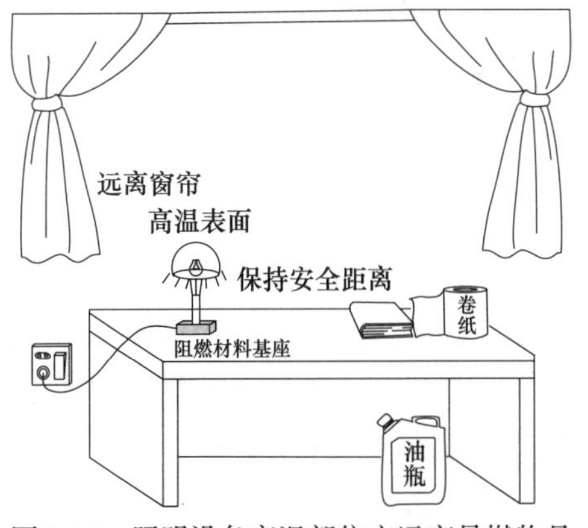

图 3-20 照明设备高温部位应远离易燃物品

随着经济的发展，农村生活条件得到改善，冰箱、微波炉、电热水壶、电饭煲等大功率电器也得到了广泛使用。在同一个插排上同时接入多个大功率电器时极易造成电路过载，导致电气线路以及插排温度升高，引燃电线绝缘层，火焰会沿着导线蔓延，进一步引燃其他可燃物，从而扩大火势。因此，使用大功率电器时应避免将电器集中连接，预防电路过载、过热，如图 3-21 所示。

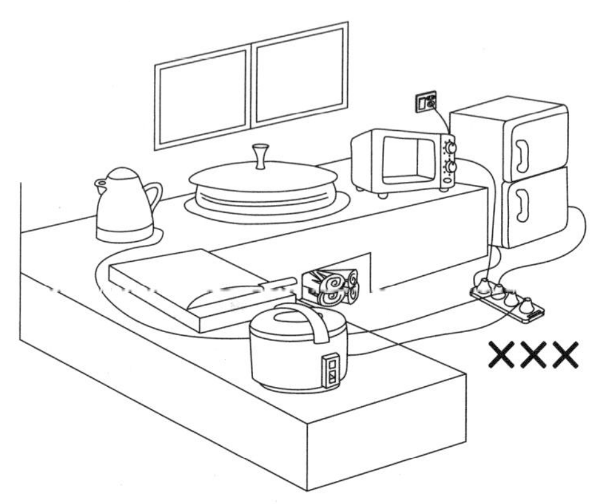

图 3-21　大功率电器不应集中连接使用

农村由于日常生产生活需要，室外会设置配电箱、电源线路等，如果没有采取适当的保护措施，暴露在户外的电源线路等经过长时间的风吹、日晒、雨淋，容易出现老化，用电时电线发热量增加，会进一步加快电线老化，缩短使用寿命，最终将导致电线绝缘层被短路时出现的电火花击穿发生燃烧现象，进一步引燃配电箱及周围可燃物（室外柴草堆垛等），造成火灾。因此应当对室外的电气设备采取保护措施，并定时检查和维护户外的电气设备、电源线路等，排除火灾隐患，如图 3-22 所示。

为了节能减排以及降低火灾危险性，防患于未然，用电必须加强看护，做到人走电断。尤其是使用微波炉、电热水壶、电饭煲等电器时应有人看护，并在使用后及时切断电源。此外当大功率用电设备长时间不使用时，也应及时切断电源。这是因为大功率电器不切断电源将持续处于待机状态，长时间工作易导致电器损坏，减少电器的使用寿命并且增加发生电器短路时引发火灾的可能性，如图 3-23 所示。

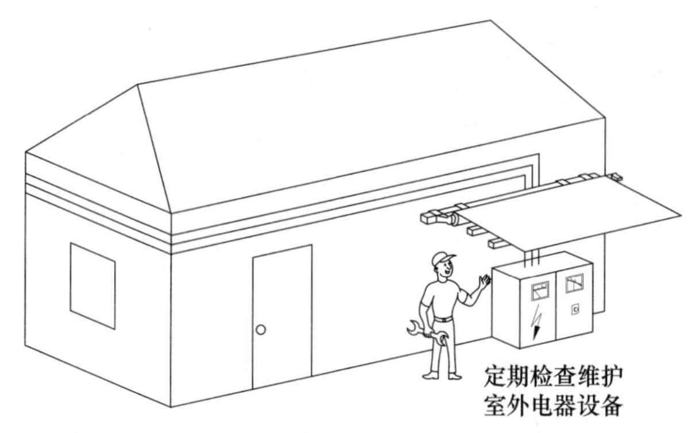

图 3-22　定期检查维护室外电器设备与电源线路

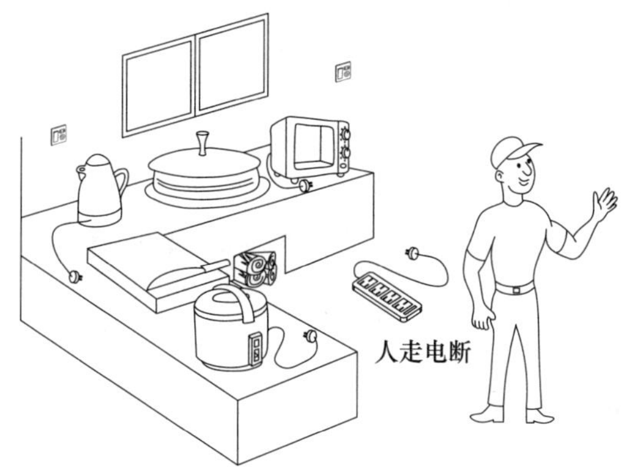

图 3-23　电器使用后及时切断电源

室内电线放置需要注意规范，不当的电线放置方式将导致火灾发生可能性增大。电器线路通电工作时产生热量，当电线被长时间压住或电线成捆缠绕时，受压及缠绕部位热量聚集不易散失，随着温度不断升高，可能出现电线绝缘层融化，导致电路短路引燃室内可燃物（书本、衣物等）从而引发火灾。同时也应禁止在电线上悬挂衣服等重物，这是因为给电线施加压力的行为会加速电线的老化，增大火灾发生的可能性，如图 3-24 所示。

潮湿、高温环境下（厨房、浴室等）电线的绝缘层老化速度加快，当绝缘层破坏后极易引起电线短路从而导致火灾的发生。

同时，在潮湿环境下，电气线路的损坏也增加了发生触电事故的可能性。因此，村镇室内电气线路禁止敷设在洗漱台、蓄水缸等潮湿区域以及灶台、电热水壶上方等高温区域，如图 3-25 所示。

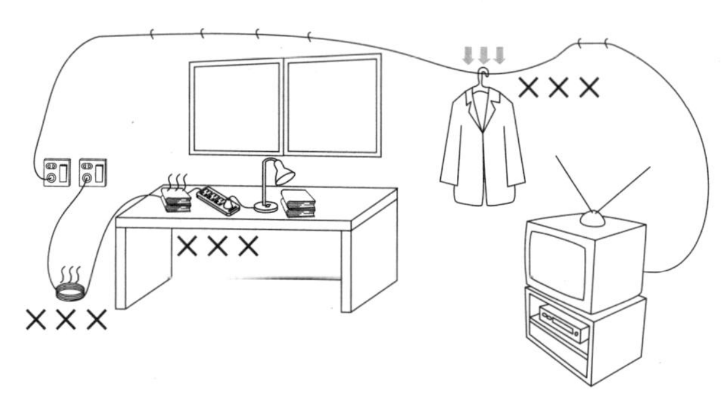

图 3-24　避免电气线路缠绕挤压，不应在线路上悬挂物品

图 3-25　避免在潮湿、高温区域敷设电气线路

保险丝通常使用电阻率大且熔点低的合金制作而成，在电路出现电流过大（短路、过载等）故障时熔断，从而达到保护电路，阻止电气火灾发生的目的。而铜丝以及铁丝的电阻较小，相同电流下产生的热量也比较少，因此出现故障时不容易熔断，无法起到保护电路的作用。当增粗保险丝时使得保险丝的横截面积

增加，电阻减小，也可能导致其保护电路功能的丧失。因此严禁使用铜丝、铁丝等代替保险丝，且不得随意增加保险丝的横截面积，如图 3-26 所示。

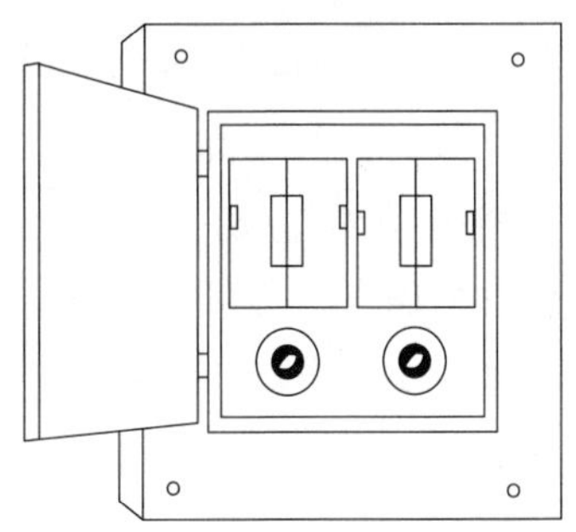

图 3-26 严禁使用铜丝、铁丝等代替保险丝，不得随意增加保险丝的横截面积

在雷雨天气时由于空气潮湿，如果电气线路连接不结实，再加上电器“回潮”，在没有通电的情况下突然接通电流，很容易引发火灾。因此，在缺少线路防雷措施时，雷雨天气要避免使用家用电器，最好切断屋内家用电器的电源，以及一切可以导电的电线，如图 3-27 所示。

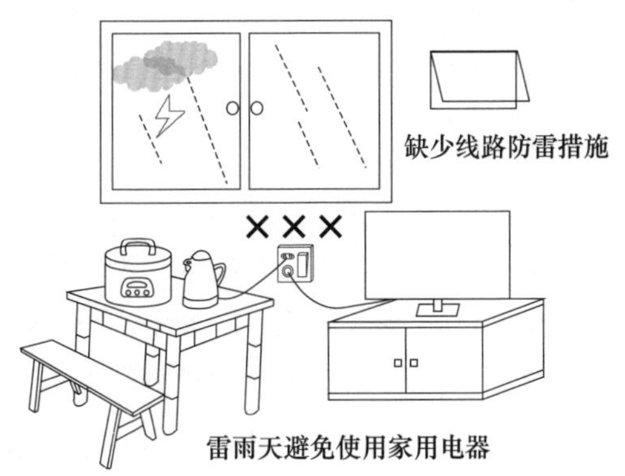

图 3-27 缺少线路防雷措施时，雷雨天气避免使用家用电器

3.3 电动车火灾控制（电动汽车）

据统计，电动车起火致人伤亡的案例中90%发生在门厅、过道、楼梯间等场所。电动车燃烧极为迅速，一旦起火，高温有毒烟气会在短时间内充斥建筑物内，不利于人员疏散，被困人员吸入有毒、有害烟气，极易造成群死群伤。因此，电动车应停放在安全地点，建议尽量将电动车停放在可避雨遮阳的阴凉通风处，避免内部进水短路造成车辆自燃等事故的发生。不得在建筑内楼道、楼梯间、疏散通道、安全出口等公共区域停放或充电，严禁占用消防通道，如图3-28所示。

图3-28　电动车应停放在安全地点

室内易燃物品较多，电动车在室内充电一旦起火会发生爆炸，喷出火苗，极易引燃室内的易燃物品，威胁被困人员的生命安全，并造成财产损失。此外，电动车起火燃烧会在短时间内释放大量高温有毒烟气，影响人员疏散逃生，极易导致人员伤亡。电动车起火爆炸后，灭火器和水在短时间内无法阻止电池内部的热失控，很难将火迅速扑灭，最有效的方法是用消火栓对其进行持续出水的降温处理，但是农村往往不具备这样的条件。因此，应避免将电动车推到室内或将电池拿入室内充电，如图 3-29 所示。

图 3-29 禁止在室内给电动车充电

给电动车充电时应避免雨淋暴晒，防止雨水导致的充电线路短路以及暴晒导致的热量积聚和线路老化。同时，注意清理充电区域附近的易燃、易爆物品，例如柴草堆垛、油料、粮食、危险化学品、放射性物品，远离火源和电热燃气设施。如有条件，可选择具有安全防护措施且不易积水的集中充电车棚充电。充电车棚与其他民用建筑物的防火间距至少为 6m，通常为 20m。此外，电动车充电要远离火灾危险性高的仓库厂房，防火间距不应小于 12m，以免电动车起火后引燃仓库厂房使得火势进一步扩大蔓延，如图 3-30 所示。

给电动车充电时，先插电池，后接通电源。充足后，先切断电源，后拔电池插头。使用与电池规格相匹配的原厂充电器，充电时将充电器放置在散热通风处，避免被杂物覆盖或包裹。根据电瓶容量和电池种类，合理控制充电时间。一般情况下，铅酸电池的充电时间为 8～9h，冬季可适当延长充电时间。锂电池随着使用时间的增加，充电时间由 10h（新电池）逐渐缩减为 4h（半年后）。充满后尽快断电，否则充电器热量积蓄会形成短路火花，电池热失控易起火爆炸，如图 3-31 所示。

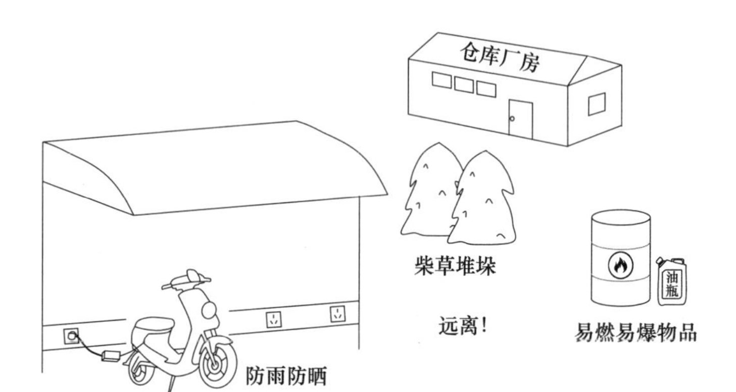

图 3-30　充电注意防雨防晒、远离易燃易爆物品及仓库厂房

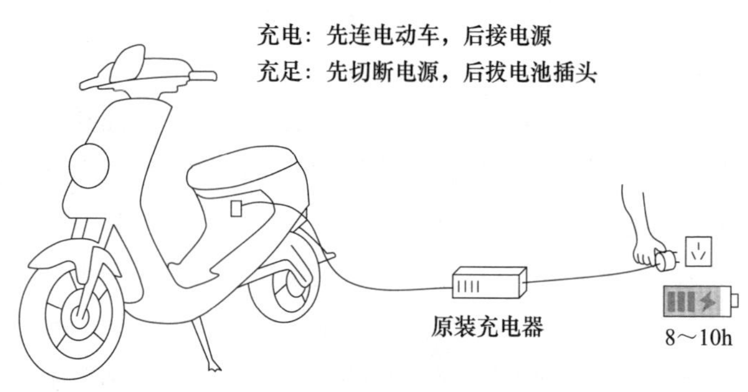

图 3-31　电动车充电安全操作

通宵给电动车充电，无人看管时，容易出现充电时间过久的问题，电线或电瓶出现问题也不能及时处置，极易造成火灾。因此，最好在白天充电，如果不得不在夜晚充电，要掌握好电动车的充电时间。此外，请勿在不充电的情况下，长时间将充电器空载连接在交流电源上。电动车闲置后，电池自放电导致电量逐渐变小，需要定期给电动车充电，防止电池亏电。一般情况下，铅酸电池每隔一个月充电一次，锂电池每隔 2～3 个月充电一次，如图 3-32 所示。

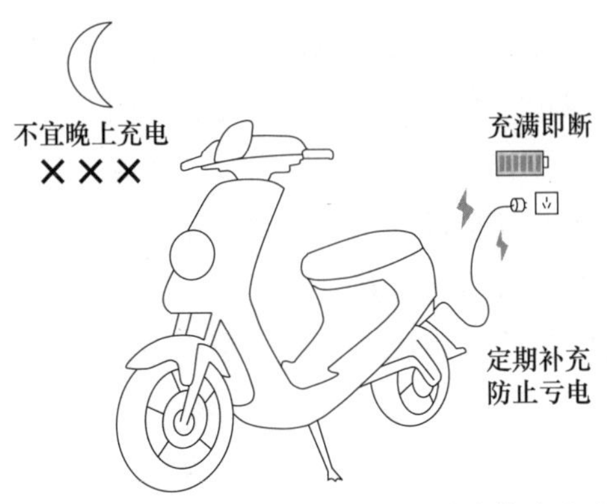

图 3-32 电动车不应过度充电，长期不用应定期充电防止亏电

选购正规合格的电动车及配套产品，勿购买非标、超标电动车。定期检查电动车电路，防止内部接头松动、电线剥皮引发的短路和串电现象等，定期检查电瓶是否破损渗液。主动淘汰达到使用寿命的电动车、电池和充电器。长时间高温暴晒或雨雪天气骑行会影响电池和电动车寿命，出现故障后，及时选择专业修理店维修。严禁私自改装电动车，加装音响、照明等容易增大线路负荷和引发火灾的概率。充电器轻拿轻放，尽量不要随车携带，如确要携带，应做好减振处理工作后放在工具箱内，如图 3-33 所示。

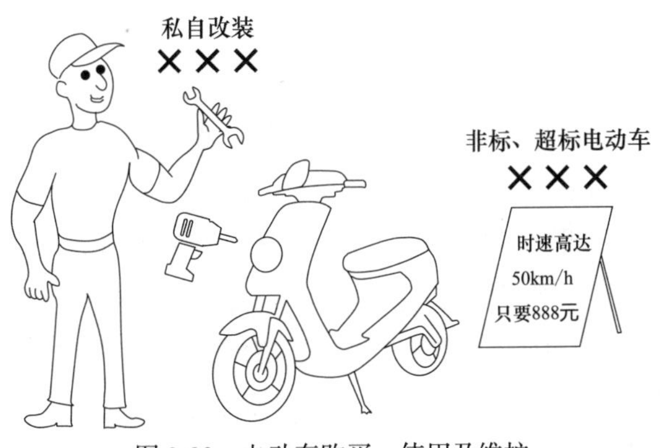

图 3-33 电动车购买、使用及维护

固定充电点附近应配备消防器材。据统计，电动车起火原因主要包括：电池老化、私接电线、过度充电。电动车燃烧 30s 后火焰温度上升至 300℃，同时释放大量有毒气体（H_2S、CO），3min 后进入猛烈燃烧阶段，随时有爆炸的可能性。处置方法：

（1）火灾发生初期立即靠边停车，正在充电的电动车立即切断电源，使用干粉灭火器扑灭表面火焰。由于干粉灭火器和 CO_2 灭火器无法有效对内部电池包降温，热量积蓄发生快速化学反应，极易导致复燃现象。可使用水基型灭火剂或大量水源进一步扑灭。

（2）若火势失控，建议立即弃车撤离并拨打 119 求助，避免发生爆燃危险，如图 3-34 所示。

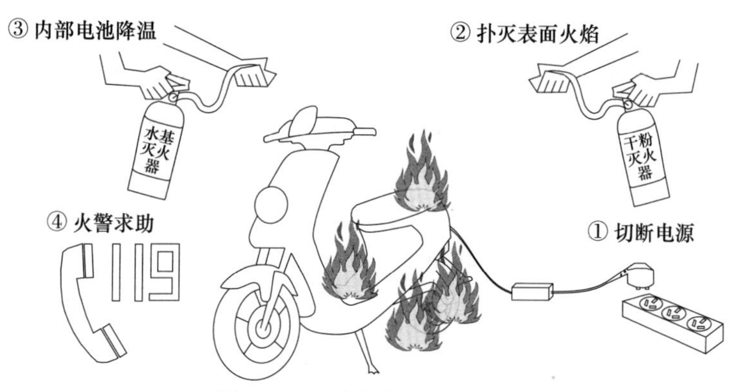

图 3-34 电动车火灾处置措施

电动汽车充电时应尽量在室外进行。高温暴晒后不要立即充电，防止电池升温过快，加速线路老化，造成自燃隐患，如图 3-35 所示。雷雨天不要充电，以免雷击引发火灾事故，如图 3-36 所示。选择符合国家标准的充电桩。确保充电设备远离热源、明火。充电前，先确认充电枪头干燥、清洁，与枪座连接到位，无烧蚀。充电时，不要用力拉扯扭转充电电缆，人员不要停留在车内。充电时不建议开启车内空调，避免加大电池负荷，降低使用寿命。随时关注充电数据，避免过度充、放电。停止充电时应先断开交流充电连接装置的车辆插头，再断开电源端供电插头。不要在充电插座塑料口盖打开的状态下关闭充电口盖板。

图 3-35　电动汽车停放与专业维护

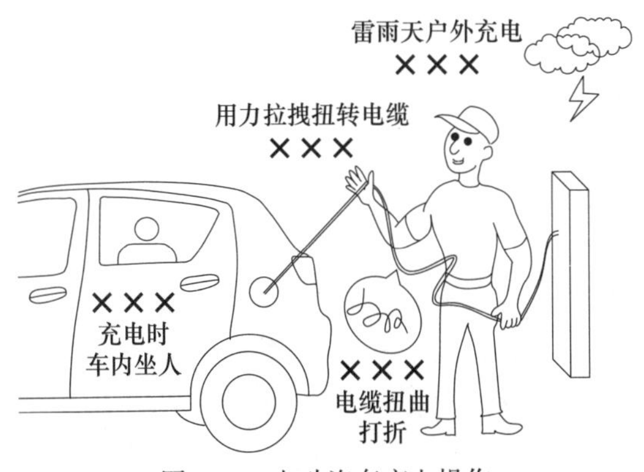

图 3-36　电动汽车充电操作

对于电动汽车，不随意改装或加装电器，以防操作不当导致线路短路，进而引发火灾。车内常备车载应急包，并定期检查，确保在紧急情况下能正常使用。定期进行车辆保养，检查电池的使用情况（建议每 5000km/ 半年），提前排查安全隐患，降低起火发生率。对电池系统的保养与检测，必须由专业人员操作。停放时应加强车辆管理，实行集中存放的场所按照规定应设置简易自动喷水灭火系统，安装防火门，配备灭火器材等。避免电动汽车在高温环境（≥ 42±2℃）下长时间停放，远离热源、金属粉尘和化学腐蚀。存放期间应定时充电，避免电池亏空（建议：电量处于 40%～70%）。

养成良好的驾驶习惯，避免急加速、急减速等暴力驾驶，以防电池超负荷工作，引起老化、散热不均等情况的发生。行驶期间，避免底盘剧烈磕碰。车辆在发生碰撞或底盘剐蹭后，电池包受到挤压变形，破坏电池内部结构，甚至穿透电池，从而出现电池漏液、绝缘受损以及短路的情况，最终引发自燃。尽量避免电动汽车浸水或长时间涉水。一般来说，地面积水超过 15cm 时需酌情考虑能否通过，积水接近 20cm 时（水面约与轮毂中心持平）建议停止涉水，防止电机内部进水短路，进而导致车辆自燃等事故，如图 3-37 所示。

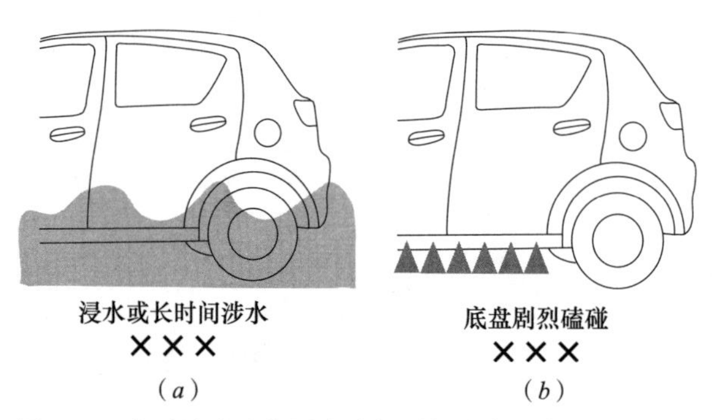

图 3-37　电动汽车避免浸水或长时间涉水及底盘剧烈磕碰

由于线路复杂和动力电池的化学特性等原因，炎热的夏季向来是电动汽车自燃的高发期。据统计，2022 年一季度新能源汽车火灾事故发生 640 起，同比上升 32%，高于交通工具火灾事故 8.8% 的平均增幅。应避免在车内存放易燃易爆物品，例如香水、充电宝、一次性打火机、压力喷剂、碳酸饮料等，防止因高温暴晒导致的燃烧爆炸。此外，老花镜等能够形成凸透镜聚焦光线的物品，也应避免放置在车内中控台、仪表台等容易被阳光暴晒的地方，如图 3-38 所示。

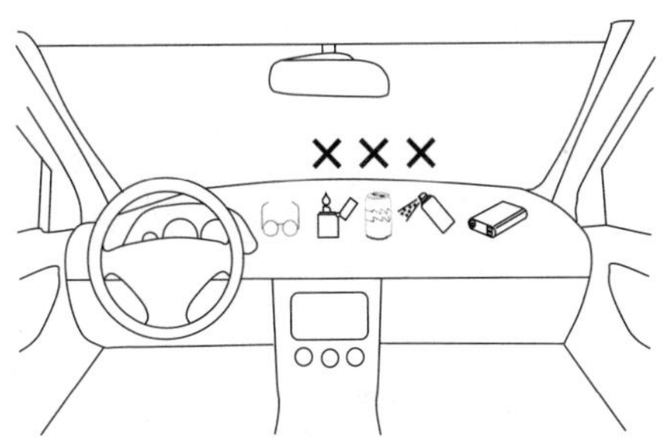

图 3-38 电动汽车内禁放易燃易爆物品

火势刚起时，在能够断电的情况下第一时间切断上级电源，避免发生后续灭火过程的触电风险。车辆起火可按下终端急停按钮，拔下钥匙，关闭点火开关。如果不能确保切断电源，严禁使用水介质灭火。动力电池一旦起火，温度高达 1000℃，并产生大量毒气。因此，若火势较小且未蔓延到电池仓，可使用干粉灭火器灭火，并采用大量水源充分冷却电池组外部，防止火势蔓延至电池单元。若火势失控，应立即远离车身，做好浓烟、毒气、高温防护，到达安全区域后及时拨打 119，告知车辆品牌和型号，等待专业救援处置，切勿自行灭火。在实际救火作业中，电动汽车电池易发生复燃现象，即便火势扑灭以后，依然建议车主不要立即返回车内，以免因小失大，如图 3-39 所示。

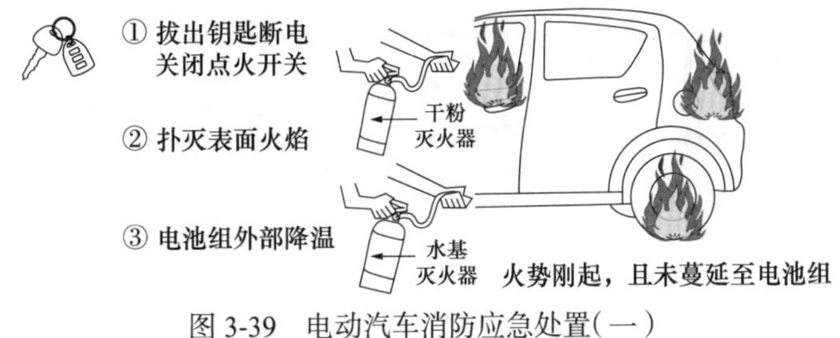

图 3-39 电动汽车消防应急处置(一)

图 3-39　电动汽车消防应急处置（二）

3.4　外部火灾控制

农村地区的宅基地住房普遍具备总体面积较大，周边环境可燃物密集度较高的特点。在农村自建房周围，砖石和木材较为常见。此外，通常还存在堆放的柴草、农作物秸秆等可燃物。当房屋外部可燃物遭遇森林飞火、雷击或意外失火等情况，自建房极易被外部火灾引燃，因此对于外部火灾的控制极为重要。据统计，农村的粮食、棉花、木材、柴草等堆场发生的火灾占农村火灾总数的29.4%，柴草、饲草垛起火后燃烧快、火势猛、蔓延迅速、扑救困难，为了保障安全，柴草、饲料等可燃物堆垛应设置在村庄的边缘地带或者其他相对安全的区域，且较大的堆垛宜设置在全年最小频率风向的上风侧，如图 3-40 所示。

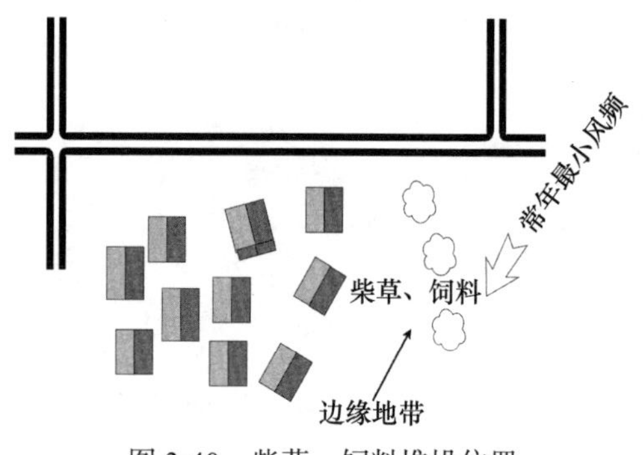

图 3-40　柴草、饲料堆垛位置

清明、春节等传统节假日期间祭扫活动多，烧纸、焚香、放鞭炮等民俗用火增加，而山林枯枝落叶多，地形、气象条件复杂，稍有不慎，极易引发山林火灾，林火蔓延、火星飞溅可能引燃周边农村自建房。此外，大风天会将民俗用火产生的火星吹到很远的地方，从而扩大火灾范围，而斜坡上的可燃植被烧着后，火焰会沿着斜坡迅速向上蔓延。因此，在山林进行祭扫活动时，须严格服从管理规定，不在树林、草地和草垛附近用火，不在大风天或斜坡上烧纸，如图 3-41 所示。

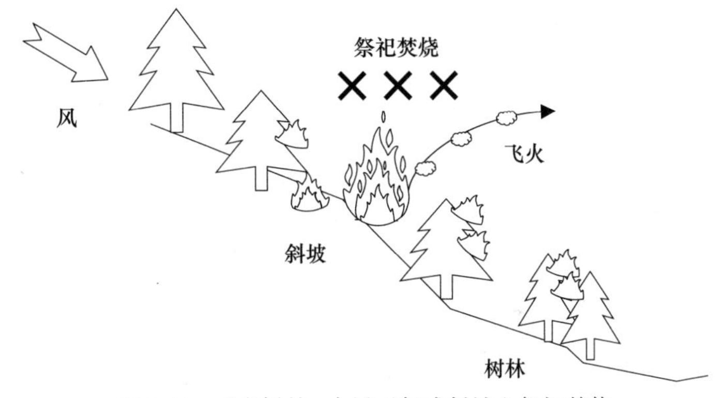

图 3-41 不在树林、大风天气或斜坡上祭祀焚烧

人们应当前往指定地点进行祭扫，祭扫焚烧前，需清扫周围枯枝落叶等可燃物，防止焚烧活动中引燃导致火灾。用不易燃烧的材料作为围栏或挖好土坑，将烧纸、纸钱等放在围栏或土坑内进行焚烧，保证围栏或土坑有一定的高度，从而防止燃烧灰烬和火星等飘出导致意外失火。条件允许的情况下，可自带铁桶，在桶中控制燃烧。焚烧后，需待余火完全熄灭后才可离去，防止灰烬复燃，如图 3-42 所示。

持续高温干旱天气、雷击等原因容易引发森林火灾，国内外发生了多起重大的森林火灾，例如 2019 年 3 月 30 日和 2020 年 3 月 30 日四川省凉山州连续发生了两起森林火灾，造成 50 人死亡；

2019 年 7 月澳大利亚发生山火，此次火灾一直持续到 2020 年 2 月，超 10 亿动物死亡，2000 余间房屋被烧毁。森林火灾一旦发生，由于存在大量的可燃植被，地形复杂，蔓延快，不易扑救。随着森林火灾的扩大，会威胁到林区周边的农村，根据国内外林区火灾的经验教训总结，在低火险气候条件下，为了防止山火进村，农村建筑物与林区的距离不应小于 300m，如图 3-43 所示。

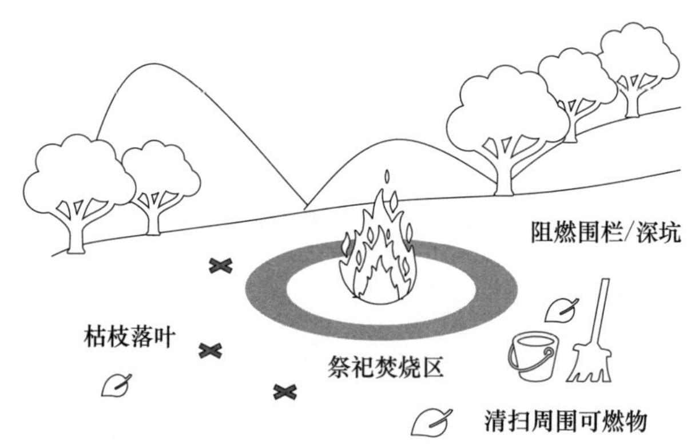

图 3-42　圈定阻燃围栏或在土坑中祭祀焚烧

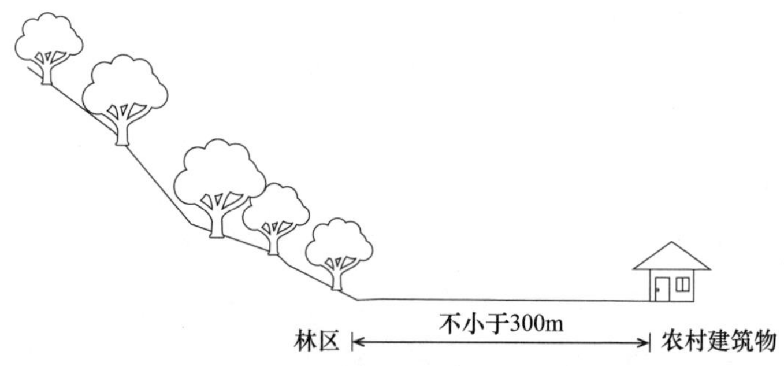

图 3-43　火地点需远离林缘 / 开设防火隔离带

农事用火是农村常见的明火，如焚烧秸秆和田间杂草、烧灰积肥、烧垦开荒等，火灾危险性大。禁止在田间、路边、地边、村边、渠边、坑边焚烧农作物秸秆、杂草和垃圾，及时清理田间地头、沟渠路边的作物秸秆和废旧地膜，使用完的农（兽）药包装物应定点回收，加强农作物秸秆综合利用，避免长期集中堆放，严防火灾隐患。此外，“熏烟防霜”等农事生活用火要全程有人看守。鼓励使用机械、人工方式开荒开垦，禁止烧荒烧垦。需要注意，用火地点必须远离林缘300m以外，开设宽度20m以上的防火隔离带，准备必需的扑火工具，防止用火不慎引燃森林诱发山火，并进一步威胁附近居民，如图3-44所示。

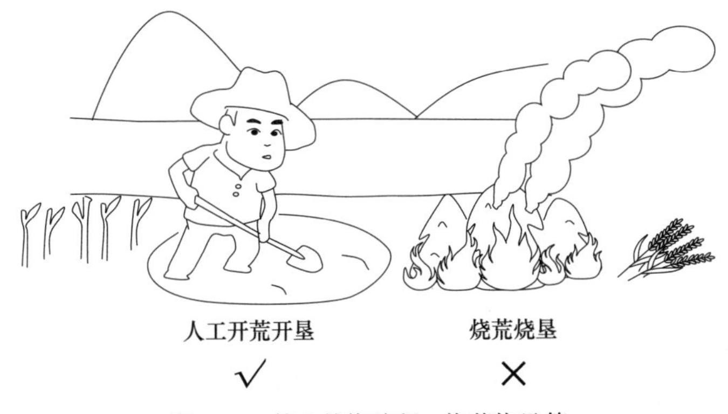

图3-44　禁止焚烧秸秆、烧荒烧垦等

烟头是引起火灾发生的重要原因之一。烟头虽小，其危险性却不容忽视，烟头表面的温度能达到200～300℃，中心温度达到700～800℃，可直接引燃周边物品，而未完全熄灭的烟头掉落在干燥、疏松的可燃物上，经过一定时间的阴燃，同样可能引起火灾。预防烟头引发外部火灾需要注意的是，不在森林防火区或易燃易爆物品附近吸烟，避免烟头引发森林火灾，或使柴草堆垛、可燃杂物等被引燃，进一步造成自建房着火。此外，在指定场所吸烟后，不随意乱扔烟头，在丢弃前需确保其完全熄灭，如图3-45所示。

柳絮是柳树的种子，每年的四五月份是其飘飞的高峰期。柳絮质地轻盈，风一吹几乎是无处不在，而且柳絮非常蓬松，含有大量油脂，外面的碳纤维含量较高，遇到明火会引起燃烧，蔓延速度非常快，如不及时控制，极易造成“火烧连营”的情况。根据相关实验数据显示，柳絮遇到明火可以在2s之内迅速燃烧，并引燃周围的易燃物。所以对柳絮引发的火灾一定要注意防范。居民要经常对房屋周边的柳絮进行集中清理，可以多洒水或者采取先用水泼、再扫除掩埋的方式。注意不要乱扔烟头，不要随意点燃柳絮，防止引发火灾，如图3-46所示。

图3-45　禁止在林区随地丢弃烟头

图3-46　对房屋周边柳絮进行集中清理

许多人都喜欢把阳台作为自己家里的一个小仓库，在阳台上堆放大量杂物。当易燃物品，如纸箱、塑料瓶、鞋子等遇到外部飘落火源或当阳台存在聚光物品，如放大镜、老花镜、球形玻璃体等时，便极易引发火灾。需要注意在阳台不要随手放置聚光物、一次性打火机、酒精等，不要堆放杂物，要及时清理家中的多余物品，特别是易燃、易爆物品。在出行前需要关闭门窗，避免因燃放烟花爆竹等产生的外部飞火进入，引燃阳台可燃物，酿成火灾事故，如图 3-47 所示。

图 3-47　出行前关闭门窗，阳台杂物及时清理

4 防止火灾蔓延技术及方法

4.1 规划与布局

近些年来随着“振兴乡村经济”的提出，不少农村设置了具有火灾危险性的厂房与仓库，这些仓库一旦发生火灾事故就易造成严重后果。因此，在厂房仓库选址建造时，要注意具有火灾危险性的厂房仓库应设置在独立的安全区域，且厂房与仓库宜分开布置。同时应与学校、幼儿园、医院、养老院等教学、医疗、居住场所保持安全距离。为了防止着火后火灾蔓延至居住区，具有火灾危险性的厂房与仓库应布置在集中居住区全年最小频率风向的上风侧，如图 4-1 所示。如果已经存在的厂房、仓库或堆场等不能满足消防安全要求时，应采取隔离、改造、搬迁或者改变厂房仓库的使用性质等防火保护措施，避免造成人员伤亡和财产损失。

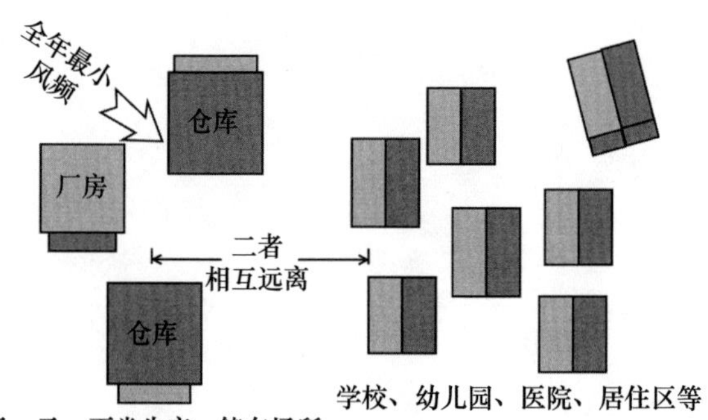

图 4-1 甲、乙、丙类生产与储存位置

一般村庄都有举办集市或者庙会的风俗习惯，但是举办集市或庙会同样具有一定的火灾危险性，因此在举办活动前应向有关部门申请或报备，获得批准后在专门的区域举办活动。举办集市或庙会的区域应设置在合理的位置，并要保持足够的防火间距且不能妨碍消防车辆的正常通行，如图 4-2 所示。

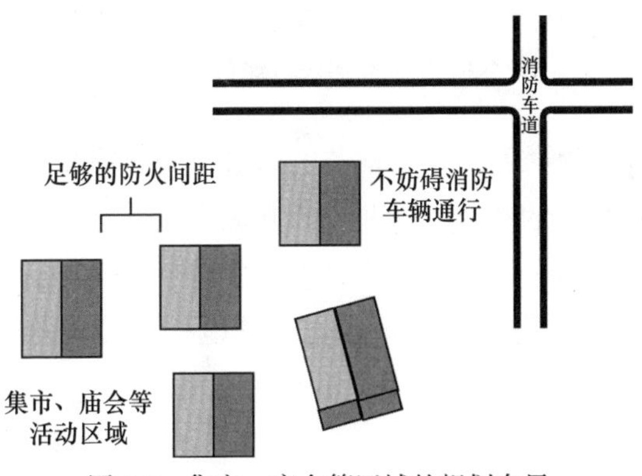

图 4-2　集市、庙会等区域的规划布局

集市或庙会的举办单位应当明确消防安全责任，确定消防安全管理人员，制定灭火和应急疏散预案并组织演练。集市与庙会要按照相关规定配备消防器材，并确保在发生火灾时消防器材可以正常使用。

居住区域或生产区域与林区最近边缘的距离要大于 300m，以防止居住区域或生产区域发生火灾后，由于飞火和热辐射的作用使得火灾蔓延至林区，导致林区发生火灾事故，如图 4-3 所示。如果不能保证有 300m 及以上的安全距离，应采取防止火灾蔓延的其他措施，例如增设防火挡墙、选用防火涂料等手段提高建筑物的耐火等级或开辟防火沟壑等。

村民不准携带火源进入林区，例如在林区抽烟、使用火把或进行野炊等。同时也禁止在靠近林区的地方进行焚烧秸秆、燃放烟花爆竹、烧纸祭祀等活动。村内要组织义务消防队，无论是居住区域还是林区发生火灾都能确保第一时间形成灭火救援力量。

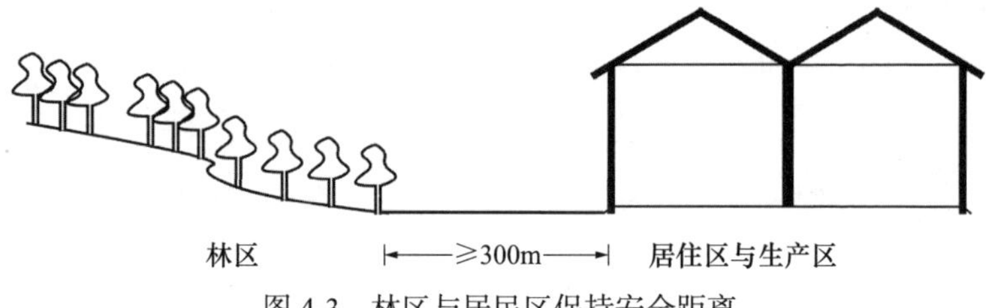

图 4-3　林区与居民区保持安全距离

据统计，农村的粮食、棉花、木材与柴草等堆垛发生的火灾占农村火灾总数的三成。这些堆垛起火后具有燃烧快、火势猛和蔓延迅速等特点，为了保障广大农户生命财产安全，应将可燃物堆垛集中设置在村庄的边缘地带或其他相对安全的区域，且较大的堆垛宜设置在居住区全年最小频率风向的上风侧，如图 4-4 所示。

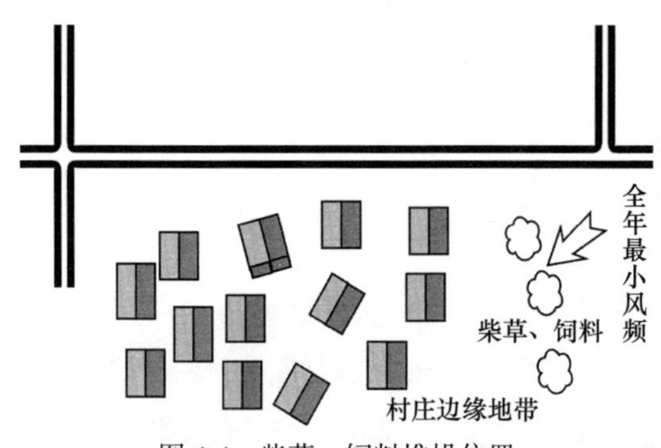

图 4-4　柴草、饲料堆垛位置

堆垛在干燥时易被引燃，且高压电线及电气设备可能存在漏电出现电火花等情况，因此柴草、饲料等可燃物堆垛禁止设在高压电线下方与变压器附近，如图 4-5 所示。

不少村民为了方便生火做饭或饲养家禽，习惯将柴草、饲料等可燃物堆垛放置在自家院内，这时需要注意可燃物堆垛体积不宜过大，避免火灾发生时火灾规模过大，并且要在堆垛与房屋之间采取隔离措施，例如将堆垛设置在专门的闲置库房内，与有人员居住的房屋和其他农具农资库房分开建造，或保持足够的防火间距，如图 4-6 所示。

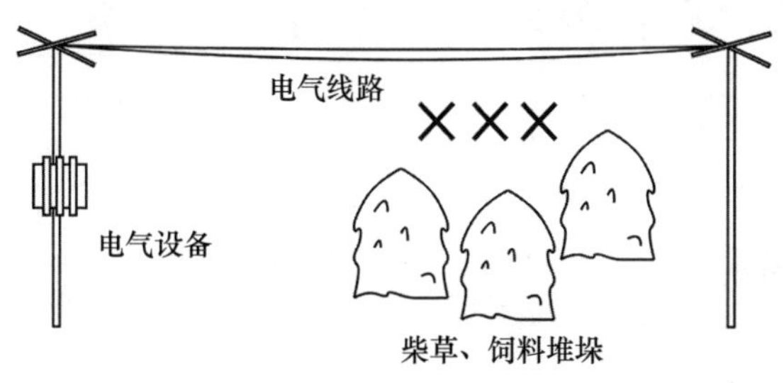

图 4-5　柴草、饲料堆垛位置

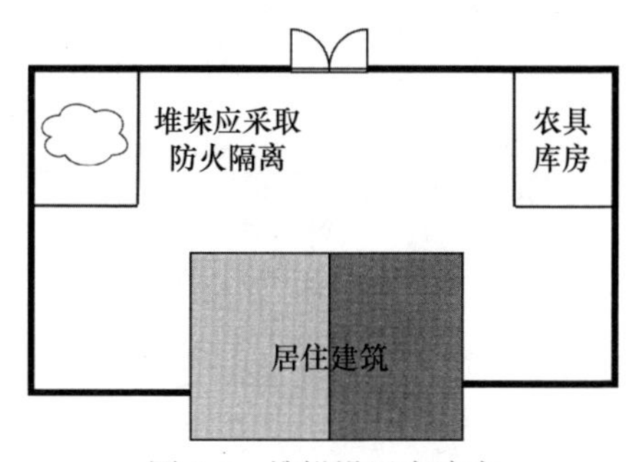

图 4-6　堆垛设置在院内

如果条件不允许将柴草堆垛单独存放，只能与其他用途房间合建时，应采用不燃烧实体墙将二者隔开，并严格控制可燃物堆垛的体量。

不少农村房屋早期建造时，由于建筑材料耐火性差、农村内部规划布局不合理和村民的消防意识落后等问题，导致许多房屋的耐火等级低、建筑与建筑之间的距离过近、村内道路狭窄消防车难以通过、村内的消防水源不足等问题。

为了解决这类消防隐患，可以对症下药。首先，可以使用防火涂料、涂泥抹灰或采用不燃建材代替可燃建材；其次，从点火源的角度入手，鼓励村民在日常生活中尽量少使用明火，确保电气线路和设备处于安全状态；再次，有条件的村庄可新建道路作为消防车道，无条件的村庄可以对村内道路进行加宽并清除可能阻挡消防车通行的建筑物与设施；最后，村内消防水源不足时，要多建设消防水箱，确保着火以后能够及时取水灭火，如图 4-7 所示。

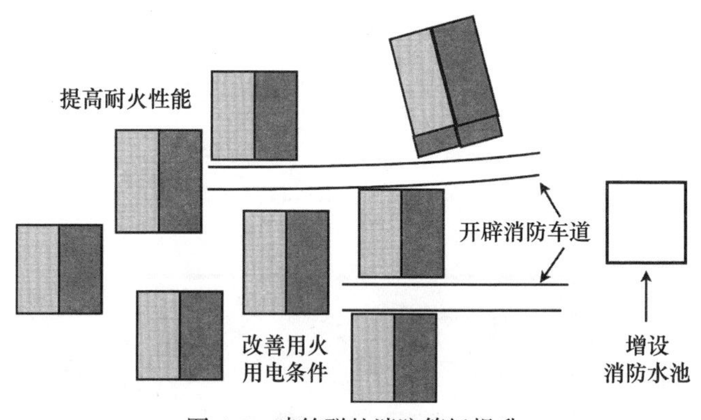

图 4-7　建筑群的消防等级提升

前文说到了对农村道路进行改造以确保发生火灾时消防车能够顺利到达村内起火建筑，因此农村供消防车通行的道路要横纵相连、间距不宜大于 160m，如图 4-8 所示。

图 4-8　消防车道的间距

农村供消防车通行的道路最小宽度和最小高度不应小于 4m，如图 4-9 所示。在道路转弯路段处要保障消防车能够顺利通过，同

时如果不能满足消防车掉头的要求时，应设置专门供消防车掉头的空地。消防车通行的道路与掉头空地都要能承受消防车的重量。

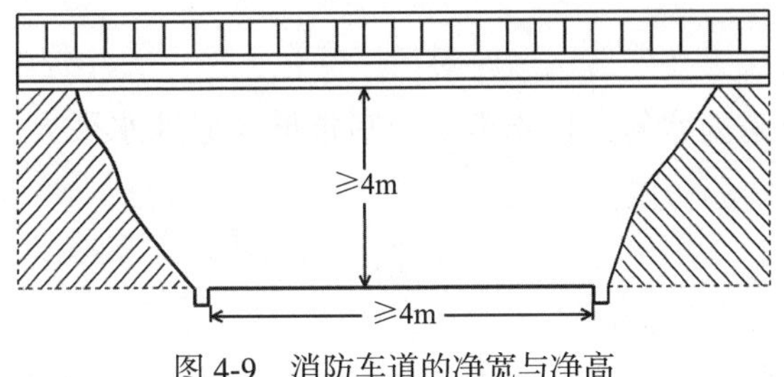

图 4-9　消防车道的净宽与净高

即使按照要求对农村道路进行改造后能满足消防车通行的条件，但如果道路有人为设置的障碍物，也会影响到消防车的顺利通行。例如每到农忙季节时，村内道路经常会出现农用机具摆放在路边、设置栏杆等障碍物、利用道路晒谷或在路上堆放石土等不良现象，为了保障发生火灾后消防救援力量能第一时间到达火灾现场，用于消防车通行的道路不能有任何阻挡，确保路面畅通，如图 4-10 所示。

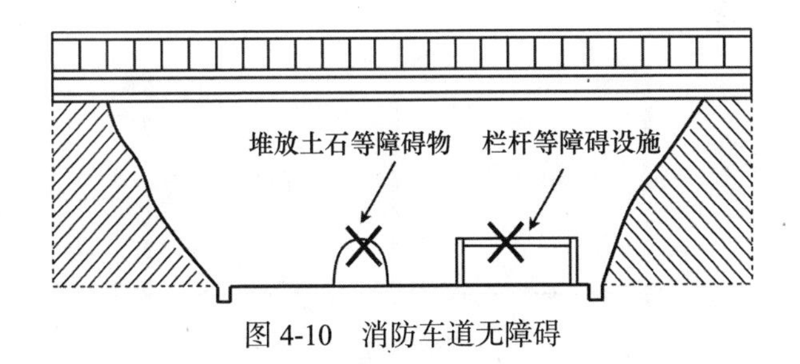

图 4-10　消防车道无障碍

同时道路要确保平坦，禁止出现较大的坑洼和凸起，车道的坡度不能过于陡峭，在设计、施工或改造时，要求车道坡度不得超过 8%，消防车停车作业的场地坡度不得超过 3%，无论是消防车道还是停车作业场地都应该进行硬化处理，防止消防车在通行中陷入泥潭。

4.2 防火分隔与阻隔

以前村民在建造房屋时对房屋的耐火能力关注较少，因此许多老建筑防火、耐火性能不高，例如通常使用砖木、纯木或茅草等材料建造的房屋。

为了防止火灾在住户之间蔓延，需要将三、四级耐火等级建筑之间的相邻外墙改为不燃烧实体墙。如果两个建筑建造时，则分户墙也应该设置为不燃烧的实体墙，同时为了尽可能地提高建筑物耐火能力和降低可燃物数量，建筑的屋顶要采用瓦片等不燃材料，如果不可避免要使用可燃材料作为屋顶时，不燃烧的实体分户墙应高出屋面 0.5m，能阻挡飞火的蔓延，如图 4-11 所示。安徽黄山徽派建筑的马头墙就是运用该方法，防止火灾发生蔓延。

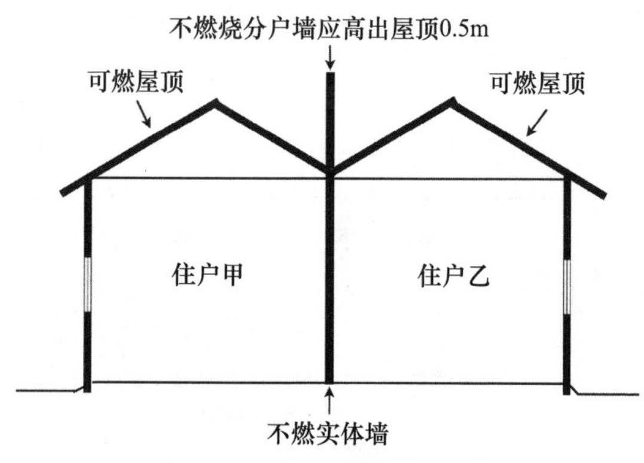

图 4-11　分户墙的设置要求

我国农村地域辽阔，各地的经济、文化、民俗、环境、气候等情况不同，建筑的结构形式有较大差异，但是应积极倡导建造一、二级耐火等级的建筑，严格控制建造四级耐火等级的建筑，建筑构件应尽量采用不燃烧体或难燃烧体。

考虑到文化要求或风俗习惯等，必须建造三、四级耐火等级建筑时，要保证建筑之间的防火间距不宜小于6m。当两个建筑相邻外墙为不可燃的墙体时，墙上的门窗洞口面积大小之和小于等于该外墙面积的10%，两侧门窗不正对开设时，建筑之间的防火距离可以降低为4m，如图4-12所示。

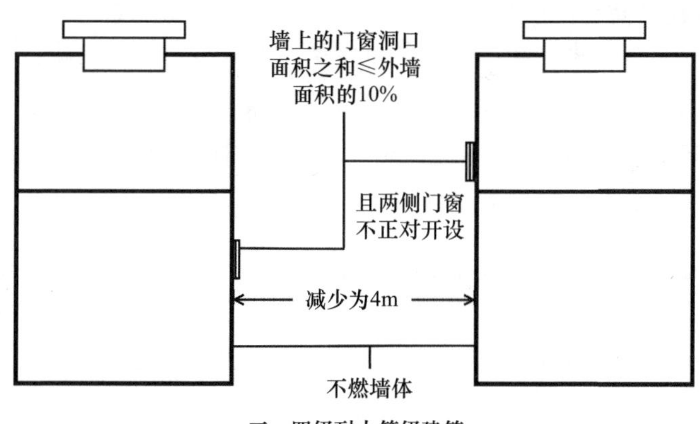

图4-12　三、四级耐火等级建筑防火间距

随着农村经济的发展，现在不少农户建造房屋也采用砌体或钢筋混凝土作为建筑材料，降低了火灾发生的可能性。

如果两个相邻建筑都为一、二级耐火等级的建筑时，要确保两个建筑相隔4m。如果其中一个建筑外墙为防火墙并且屋顶不设置天窗、屋顶承重构件及屋面板的耐火极限不低于1.0h时，防火间距不限，如图4-13所示；如果两个相邻建筑门窗洞口面积大小之和小于等于外墙面积的10%，且两侧门窗不正对开设时，防火间距可以减少到2m，如图4-14所示。

我国的村庄绝大部分是自然发展形成的，村民在建造房屋时并没有像城市那样进行严格合理的土地规划，有时会出现房屋密度过大导致防火间距不满足要求的情况，考虑到其历史现状，对既有的农村建筑防火措施应该区别对待，在采取防止火灾蔓延措施的基础上，要开辟新的防火隔离带进行隔离。其中对于耐火等级较高的建筑密集区，占地面积不应超过 5000m²，当超过时，应在密集区内设置宽度不小于 6m 的防火隔离带进行防火分隔；对于耐火等级较低的建筑密集区，占地面积不应超过 3000m²，当超过时，应在密集区内设置宽度不小于 10m 的防火隔离带进行防火分隔，如图 4-15 所示。

同时多年来，我国农村的许多地区对既有的建筑密集区采取将大寨化小寨，对耐火等级较低的建筑群按不超过 30 户、耐火等级较高的建筑群按不超过 50 户连片的村民建筑开辟防火隔离带或设防火墙等措施进行分隔。

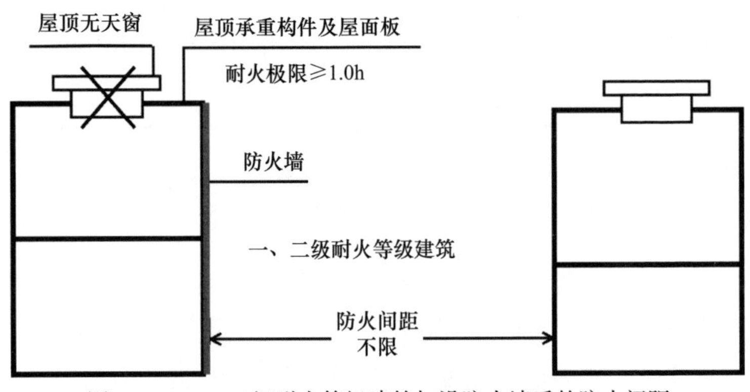

图 4-13　一、二级耐火等级建筑加设防火墙后的防火间距

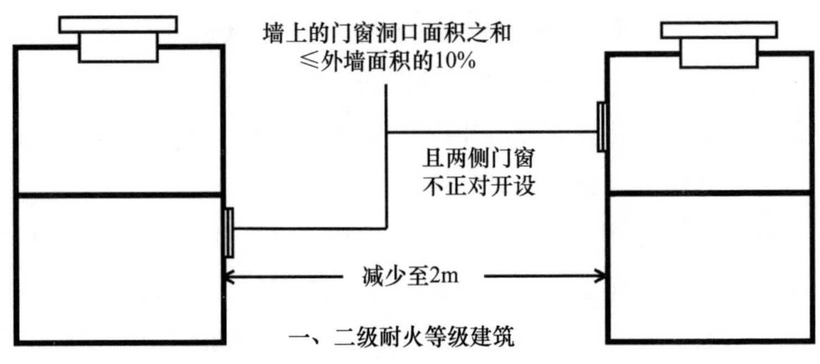

图 4-14　一、二级耐火等级建筑防火间距

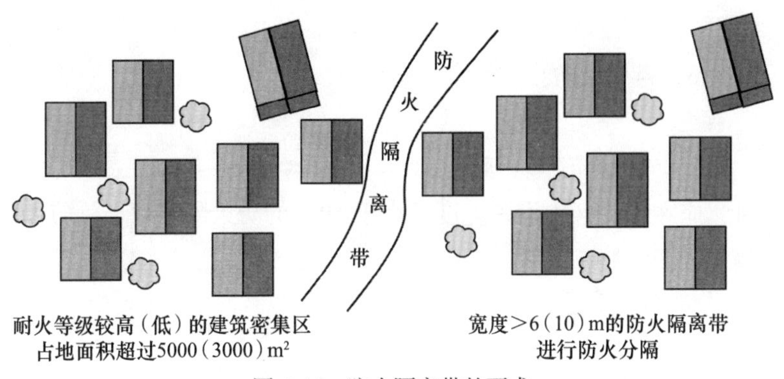

图 4-15 防火隔离带的要求

4.3 农村消防设施要求

农村应根据规模、区域条件、经济发展状况与火灾危险性大小设置消防站或消防点。消防站或者消防点应具有固定的房屋，并且要有明显的提示，例如站点外墙涂刷为红色或深蓝色。同时站点内要配备消防车、水枪、水带、灭火器或破拆工具等消防装备与专兼职消防队员。农村应设置火灾报警电话，站点内安排值班人员确保火警电话可以随时接通。考虑到农村消防力量薄弱，可以培养“全民皆兵”的消防救援理念，即在救援过程中利用一切可以利用的设备设施。例如，将农用车、洒水车或灌溉机动泵等农用设施作为消防设备的补充。没有条件设置消防站点的农村，应根据实际需要配备必要的灭火器、消防斧、消防钩与消防安全绳等消防器材。消防点的设置如图 4-16 所示。

消防水源主要是由天然水源、给水管网和消防水池构成，如图 4-17 所示。为了确保农村在发生火灾时有充足的消防水源补给，要充分利用农村内河流湖泊的天然水源，因地制宜地使其作为消防水源的补充。但是采用天然水源作为消防水源时，要确保即使在枯水期或冬季也能正常取水，有专门通向码头的消防车道供消防车取水，如图 4-18 所示。同时最低水位时吸水高度不应超过 6.0m，最后应防止天然水源被污染。

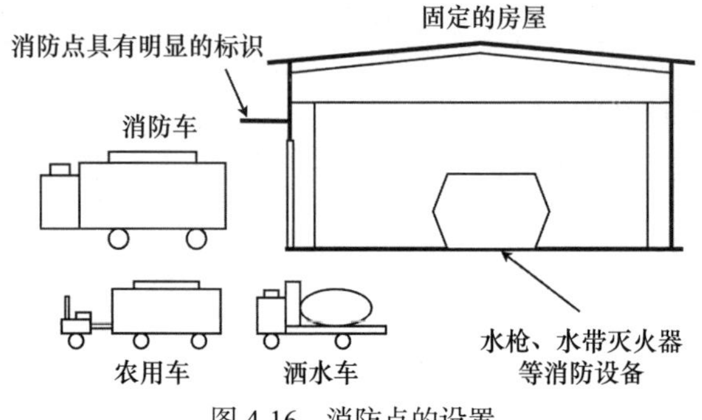

图 4-16　消防点的设置

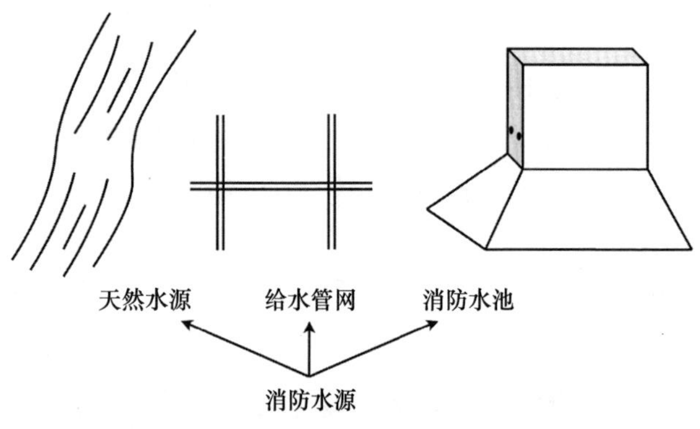

图 4-17　消防水源的种类

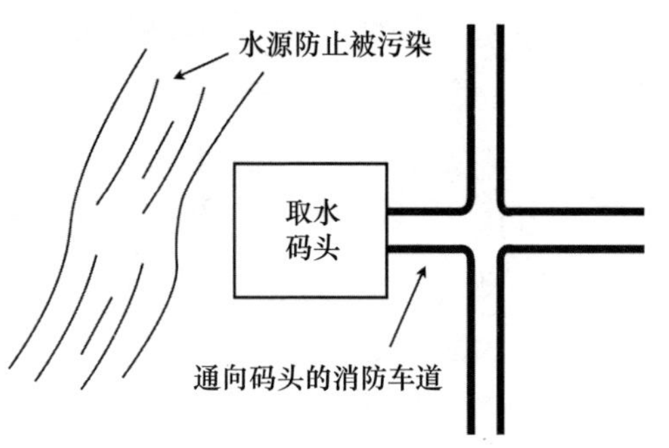

图 4-18　天然水源的要求

除了最大程度地使用天然消防水源，具备设置给水管网条件的农村，应设室外消防给水系统。消防给水系统宜与生产、生活给水系统合用，并应满足消防供水的要求，当生产、生活用水达到最大秒流量时，应仍能供应全部消防用水量。

当村庄在消防站（点）的保护范围内时，室外消火栓栓口的压力不应低于 0.1MPa；当村庄不在消防站（点）保护范围内时，室外消火栓应满足其保护半径内建筑最不利点灭火的压力和流量的要求；消防给水管道的管径不宜小于 100mm，如图 4-19 所示。

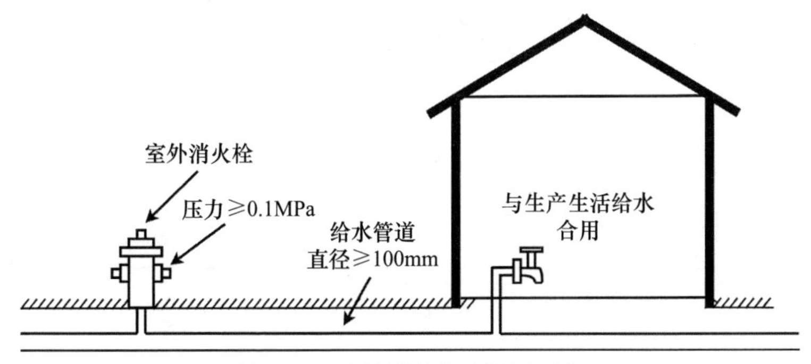

图 4-19　室外消火栓的设置要求

给水管道的埋设深度应根据气候条件、外部荷载、管材性能等因素确定，管道上方地面严禁加设重物，若管道需要穿过道路等可能受到挤压的地方，需要加设套管保护。

农村的室外消火栓应沿道路设置，并宜靠近十字路口，与房屋外墙距离不宜小于 2m，且消火栓的间距不宜大于 120m，三、四级耐火等级建筑较多的农村，室外消火栓间距不宜大于 60m，确保每一个消火栓可以正常供水，如图 4-20 所示。

在东北等寒冷地区的室外消火栓应采取防冻措施，例如设置自动泄水阀，将栓体内残余水分排出栓体，避免消火栓栓体冻裂；或采用地下消火栓、消防水鹤或将室外消火栓设在室内，如图 4-21 所示。地下消火栓可适当加大埋土深度，利用地温保温。

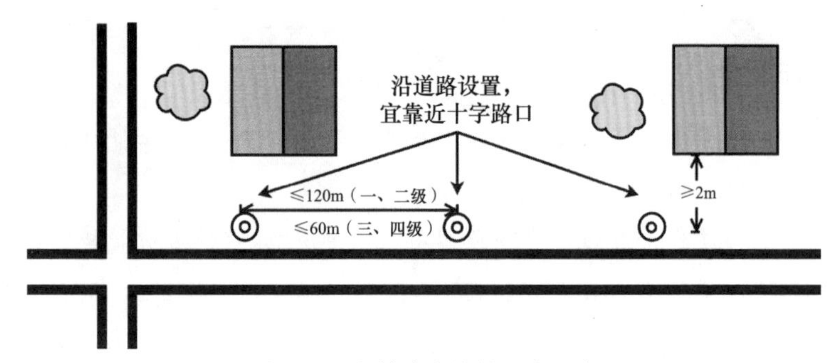

图 4-20 室外消火栓的距离要求

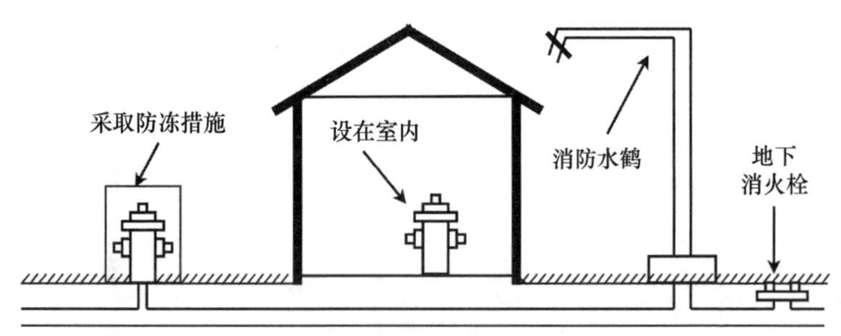

图 4-21 寒冷地区的消火栓设置

农村的消防水池宜建在地势较高处，以便利用高差，形成超高压供水。消防用水与生产、生活用水合并时，为防止消防用水被生产、生活用水所占用，因此要求有可靠的技术措施（例如生产、生活用水的出水管设在消防用水之上），保证消防用水不被他用。消防水池供消防车用水时，保护半径不宜大于 150m，且水池应分开布置，如图 4-22 所示。

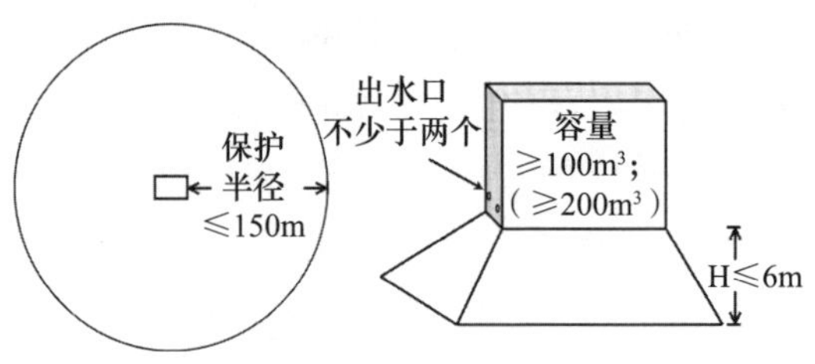

图 4-22 消防水池保护半径大小与要求

消防水池的容量不宜小于 100m^3，若村庄内大多数建筑由可燃材料建造而成时，水池的容量不宜小于 200m^3。供消防车或机动消防泵取水的消防水池应设取水口，且不宜少于 2 处，消防水池的取水口距设计地面的高度不应超过 6.0m，如图 4-22 所示。在寒冷地区消防水池应有防冻设施，保证消防车、消防水泵和火场用水的安全。

农村应根据给水管网、消防水池或天然水源等消防水源的形式，配备相应的消防车、机动消防泵、水带、水枪等消防设施，这些设施的实用性和可操作性较强，能有效地扑灭火灾。其中，每台机动消防泵至少应配置总长不小于 150m 的水带和两支水枪，并应储存不小于 3.0h 的燃油总用量，如图 4-23 所示。

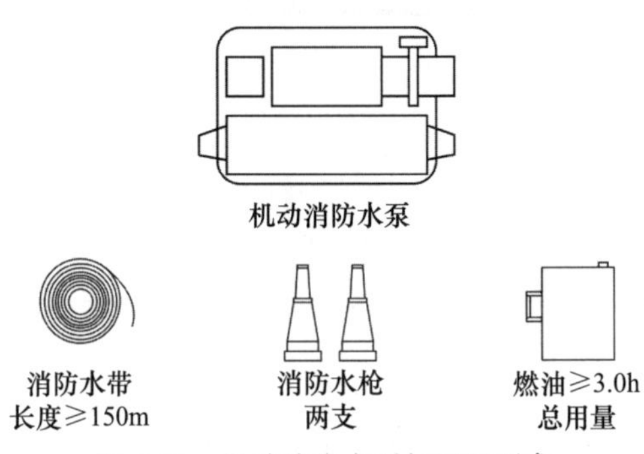

图 4-23　机动消防水泵与配置要求

在水资源匮乏地区应设置天然降水的收集储存设施。如居民在居住建筑院落内设置的蓄水设施，它不仅可以作为居民的生活用水，还可以作为灭火时的消防水源。如图 4-24 所示。

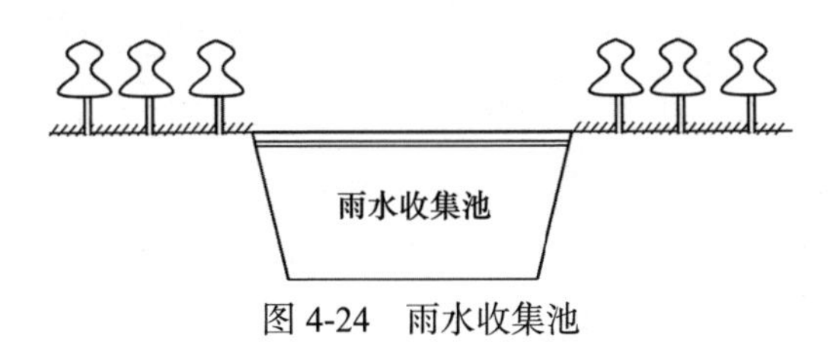

图 4-24　雨水收集池

4.4 农村合用场所防火要求

不少村民会在农村开展小作坊以维持生计，小作坊经济模式通常是将建筑变为集住宿、生产、储存和经营于一身的合用场所，如图 4-25 所示，对于该类建筑需要有严格的限制条件：

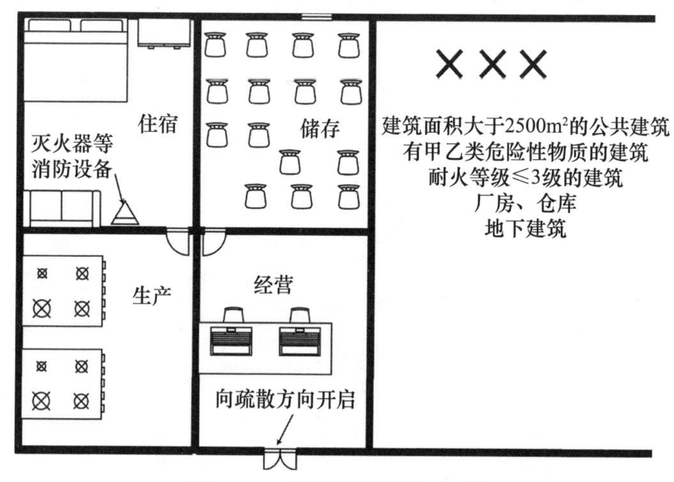

图 4-25　合用场所的设置要求

第一是建筑面积大于 $2500m^2$ 的商场、市场等公共建筑内禁止有类似的合用场所。

第二是有甲、乙类火灾危险性的生产、储存、经营的建筑禁止设为合用场所。

第三是建筑自身耐火等级为三级及三级以下的建筑禁止设为合用场所。

第四是厂房与仓库本身禁止含有住宿或经营单元。

最后是地下建筑，地下建筑的疏散与防排烟工作都有一定困难，因此地下建筑无论是住宿、生产、储存、经营都受到严格限制，同时禁止设置合用场所。

当农村合用场所的高度大于15m、总建筑面积大于2000m²或住宿人数超过20人时，合用场所内的住宿部分与非住宿部分应采用防火墙和耐火极限不低于1.50h的楼板分隔开，并且防火墙不应开设门窗洞口。同时住宿区与非住宿区应分别设置独立的疏散设施，且疏散门应采用向疏散方向开启的平开门，并应确保人员在火灾时易于从内部打开，如图4-26所示。如果没有独立设置疏散设施的条件，则建筑内不允许人员住宿。

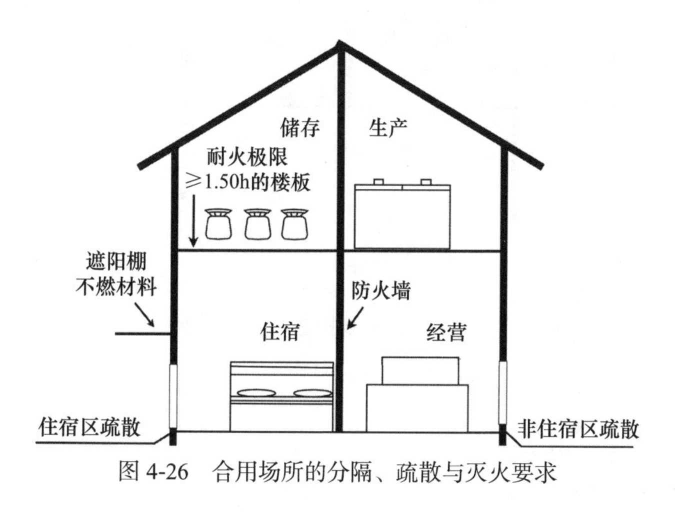

图4-26　合用场所的分隔、疏散与灭火要求

室外广告牌、遮阳棚等应采用不燃或难燃材料制作，且不应影响房间内的采光、排风、辅助疏散设施的使用、消防车的通行以及灭火救援行动。

合用场所中应配置灭火器、消防应急照明设备，并宜配备轻便消防水龙，当市政消防供水不能满足要求时，应充分利用天然水源或设置室外消防水池，消防水池容量不应小于200m³。

即使当农村合用场所的高度小于15m、总建筑面积小于2000m²或住宿人数少于20人时，也应该按照前文规定设置防火分隔与疏散设施。

住宿区与非住宿区至少采用耐火极限不低于2h的燃烧墙体

和耐火极限不低于1.50h的楼板进行防火分隔，当确需在墙上开门时，应为常闭乙级防火门。当确实无法设置防火分隔时，合用场所应设置自动喷水灭火系统或自动喷水局部应用系统，如图4-27所示。

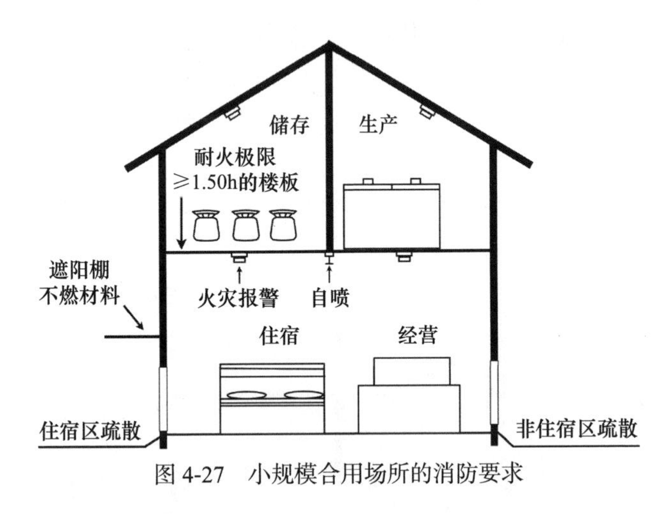

图4-27　小规模合用场所的消防要求

住宿区与非住宿区当采用室内封闭楼梯间时，封闭楼梯间的门应采用常闭乙级防火门，且封闭楼梯间首层应直通室外或采用扩大封闭楼梯间直通室外。若无法进行独立疏散时，应设置独立的辅助疏散设施。

住宿区与非住宿区应设置火灾自动报警系统或独立式感烟火灾探测报警器。

层数不超过2层、建筑面积不超过300m^{2}且住宿少于5人的小型合用场所，当设置防火分隔措施和自动喷水灭火系统确有困难时，应在疏散走道、住房、具有火灾危险性的房间与疏散楼梯的顶部设置独立式感烟火灾探测报警器，如图4-28所示。

从全国近几年发生的合用场所火灾案例分析来看，可以发现这类场所在发生火灾后由于没有警报装置，致使工作人员和其他相关人员不能及时疏散，造成大量的人员伤亡。在当前消防灭火和救援力量较为薄弱的情况下，设置火灾警报装置投入少，但却可以起到警示人员疏散、有效避免群死群伤恶性火灾发生的作用。

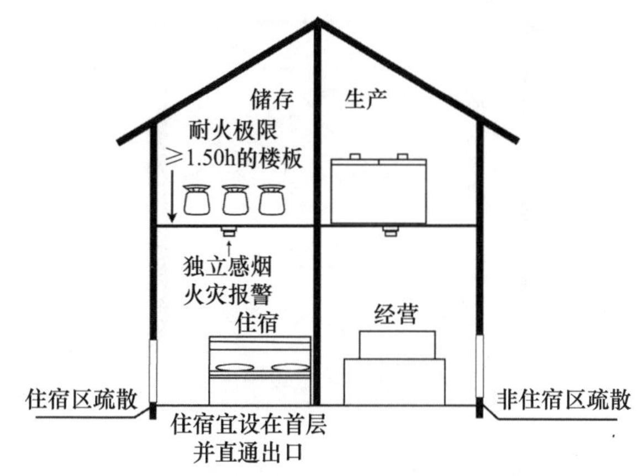

图 4-28 小规模合用场所的火灾报警设置

独立式感烟火灾探测报警器的播放声压级应高于背景噪声15dB，且应确保住宿部分的人员能收听到火灾警报音响信号，使用电池供电的独立式感烟火灾探测报警器，必须定期更换电池。人员住宿地方宜设置在首层，并直通出口。

室外金属梯、配备逃生避难设施的阳台和外窗，可作为合用场所的辅助疏散设施，辅助疏散设施包括移动式逃生避难器材和固定式逃生避难器材等多种类型，各种类型的逃生避难器材所适用的建筑高度有所不同。

用于辅助疏散的外窗，其窗口高度不宜小于 1.0m，宽度不宜小于 0.8m，窗台下沿距室内地面高度不应大于 1.2m，如图 4-29 所示。如果外窗设置的位置不合理，开口大小不合适，即使设置了外窗，仍不能发挥应有的作用。

建筑不应在窗口、阳台等部位设置金属栅栏等设施，是考虑到这些设施有可能在发生火灾时阻碍人员逃生和消防救援。因此，设置时要有从内部便于人员开启的装置。

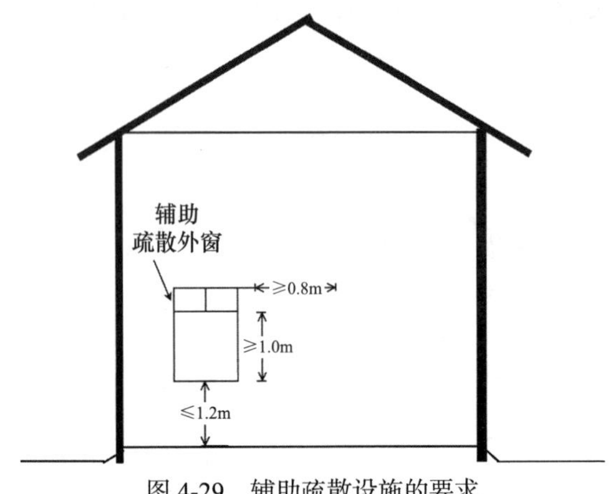

图 4-29　辅助疏散设施的要求

4.5 农村火灾危险源的控制

当厨房设置在村民的居住建筑内时，厨房应该靠外墙设置，且墙面采用不燃材料。厨房要与建筑内卧室与客厅等其他部位分开，并采取防火分隔措施。

当村民采用燃煤炉灶或燃柴炉灶时，要注意炉子周围 1.0m 范围内不应堆放煤炭或柴草等可燃物。采用燃气炉灶时，要确保厨房可以进行自然通风和自然采光，燃气炉灶的灶面边缘与桌椅等木制家具的净距离不应小于 0.5m 或采取有效的防火分隔措施，放置燃气灶具的灶台应采用不燃材料或加防火隔热板，如图 4-30 所示。

无自然通风的厨房，应选用带自动熄灭保护装置的燃气灶具，并应设置可燃气体探测报警器和与其连锁的自动切断阀和机械通风设施；燃气灶具与燃气管道的连接胶管应采用耐油燃气专用胶管，长度不应大于 2m，安装应牢固且中间不应有接头，并定期更换。

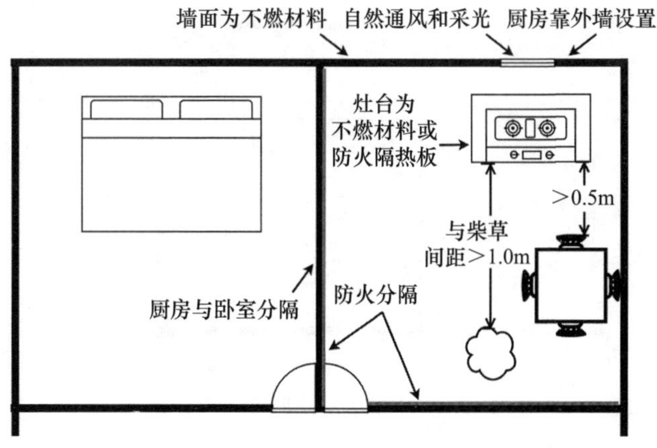

图 4-30 厨房防火保护要求

当建筑采用木材等可燃材料建造而成时，与炉灶相邻的墙面应做不燃化处理，若条件不允许做不燃化处理，则炉灶不但不可靠外墙设置，还要距可燃材料墙壁保持 1.0m 以上的距离，如图 4-31 所示。

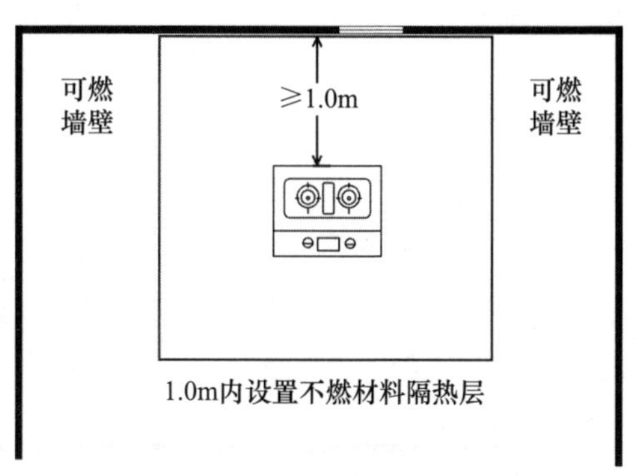

图 4-31 灶台与可燃墙壁的距离要求

同时炉灶周围 1.0m 范围内应采用不燃地面，否则应在地面设置厚度不小于 120mm 的不燃材料隔热层；若屋顶下方存在可燃物，或屋顶本身就是可燃物，则要求这些可燃物或可燃屋顶保持在炉灶正上方 1.5m 以上的高度，如图 4-32 所示。

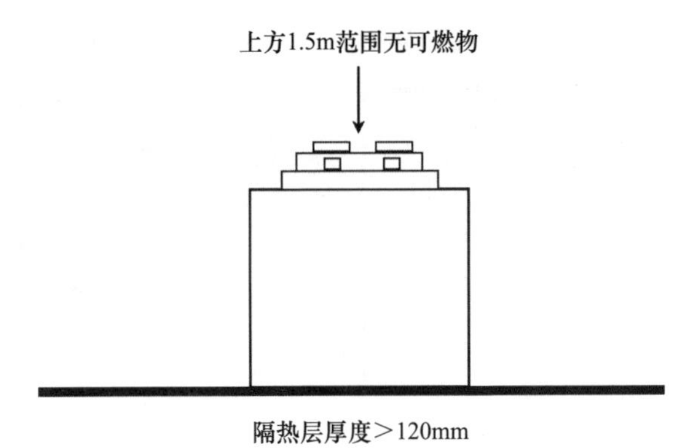

图 4-32　灶台的隔热层厚度与净高要求

为了防止烟道、烟囱或火炕等内部的热辐射或窜出的火焰、火星引燃附近的可燃物，这些部位应采用不燃材料建造或制作，与可燃物体相邻部位的壁厚不应小于 240mm，如图 4-33 所示。烟囱穿过可燃或难燃屋顶时，排烟口应高出屋面不小于 500mm，屋顶应采用不燃材料。柴草、饲料等可燃物堆垛较多、耐火等级较低的连片建筑或靠近林区的村庄，其建筑的烟囱上应采取防止火星外逸的有效措施。烟道直接在外墙上开设排烟口时，外墙应为不燃烧体且排烟口应突出外墙至少 250mm。如图 4-34 所示。

当建筑屋顶设置了可燃保温层、防水层时，在其周围 500mm 范围内应采用不燃材料做隔热层。在闷顶内开设烟囱清扫孔易造成火星或高温烟气窜入闷顶，造成闷顶内的可燃物起火，因此要严禁在闷顶内开设烟囱清扫孔，如图 4-35 所示。

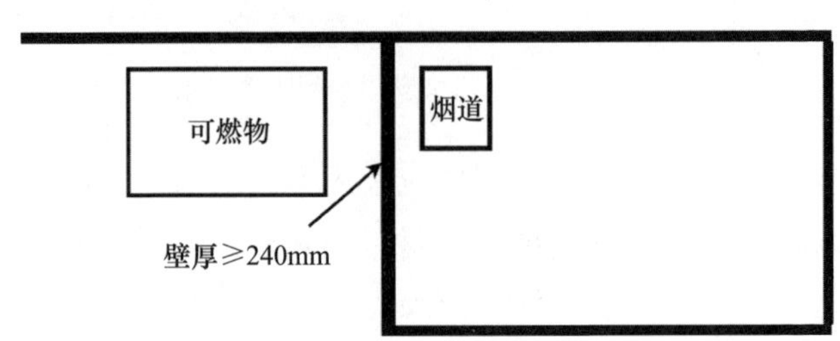

图 4-33　烟道分隔的设置要求

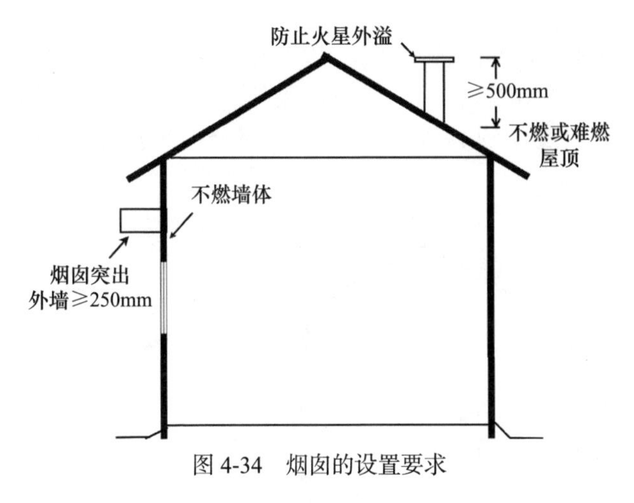

图 4-34　烟囱的设置要求

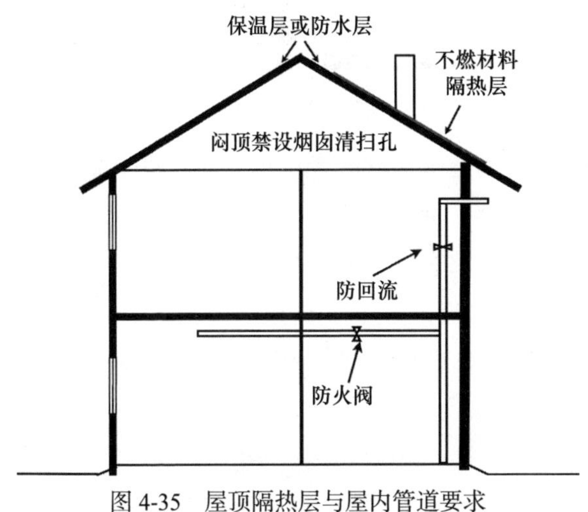

图 4-35　屋顶隔热层与屋内管道要求

在火灾情况下，垂直排风管道能产生“烟囱”效应，为有效控制火灾的蔓延，应对排风管道采取必要的防止回流措施，例如，增加各层垂直排风支管的高度，使各层排风支管穿越两层楼板；把排风竖管分成大小两个管道，总竖管直通屋面，小的排风支管分层与总竖管连通；将排风支管顺气流方向插入竖风道，且支管到支管出口的高度不小于 600mm；在支管上安装止回阀等。

如图 4-35 所示。

建筑内的火炉、火炕（墙）、烟道应当定期检修、疏通。炉灶与火炕通过烟道相连通时，烟道部分应采用不燃材料，如图 4-36 所示。

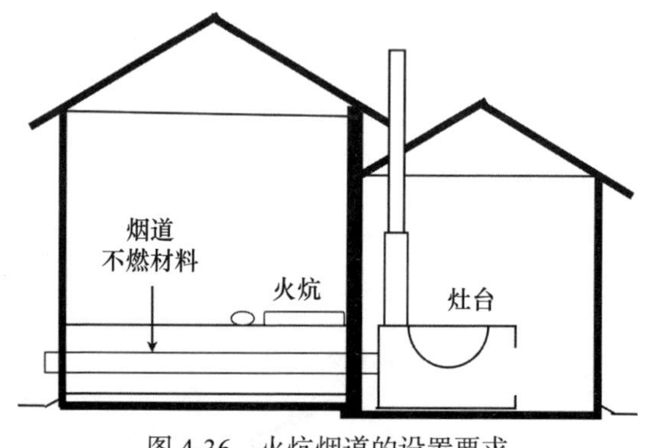

图 4-36　火炕烟道的设置要求

目前我国还有许多地区的农民生活和取暖主要靠煤、柴草及农作物秸秆做燃料，从煤、柴炉灶扒出的炉灰应放在炉坑内，如急需外倒，要用水将余火浇灭，且宜集中存放于室外相对封闭且避风的地方，同时应设置不燃材料围挡以防余火燃着可燃物或“死灰”复燃，造成火灾，如图 4-37 所示。

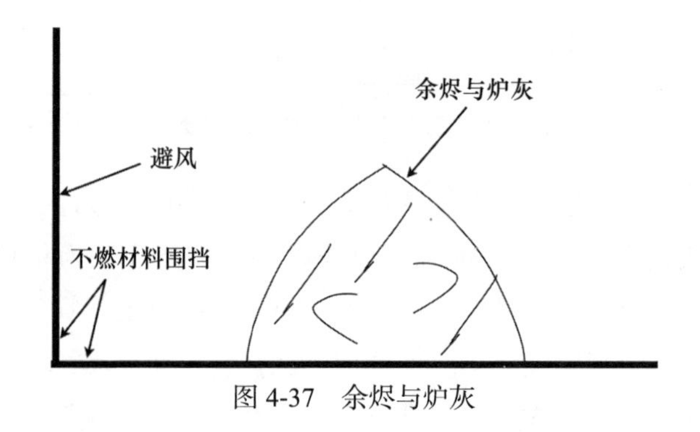

图 4-37　余烬与炉灰

在农村不少村民有使用蜡烛、油灯与蚊香的习惯，这类物品

在使用中非常不起眼，经常被随意摆放，且在某一空间一放就是很长时间，通常在村民不知不觉中就引燃周围的可燃物，因此使用蜡烛、油灯、蚊香时，应放置在不燃材料做成的基座上，距周围可燃物的距离不应小于0.5m，并且宜在蜡烛或油灯外设置不燃材料做成的防护罩，如图4-38所示。

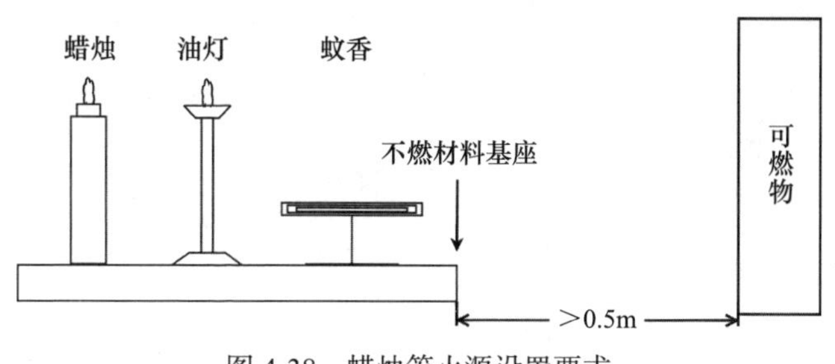

图4-38　蜡烛等火源设置要求

多数农村没有燃放烟花爆竹与动用明火的限制，因此村民对燃放烟花爆竹与动用明火等所带来的消防隐患并没有深刻的认识，村民在燃放烟花爆竹、吸烟、动用明火时应当远离易燃易爆危险品存放地和柴草、饲草、农作物等可燃物堆放地，教育小孩不要玩火，不要玩弄电气设备，如图4-39所示。五级及以上大风天气，不得在室外吸烟和动用明火。

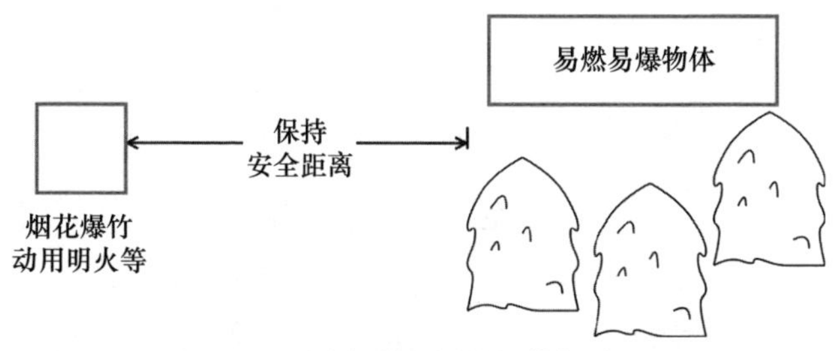

图4-39　明火与易燃易爆物体保持距离

农村电气线路的选型应根据具体环境条件，导线的耐压等级不应低于线路的工作电压；其绝缘层应符合线路安装方式和敷设环境条件；安全电流应大于用电负荷电流；截面还应满足机械强度的要求。为保证电力架空线在倒杆断线时不会引燃易燃物品仓库，架空电力线路不应跨越易燃易爆危险品仓库、有爆炸危险的场所、可燃液体储罐，可燃、助燃气体储罐和易燃、可燃材料堆场等，如图 4-40 所示。电气线路与上述场所的间距不应小于电杆高度的 1.5 倍，如图 4-41 所示。

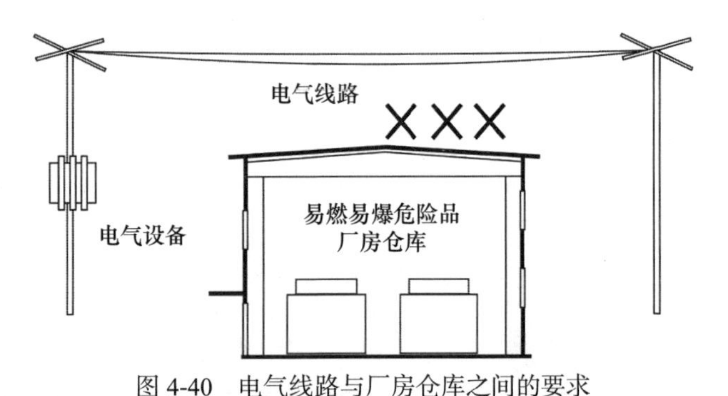

图 4-40　电气线路与厂房仓库之间的要求

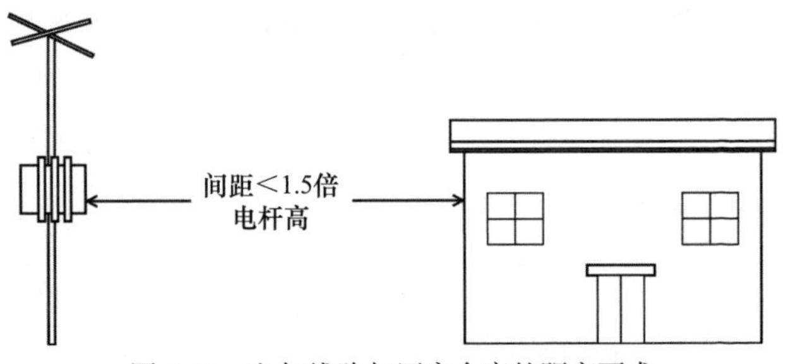

图 4-41　电气线路与厂房仓库的距离要求

电力架空线路跨越可燃屋面时，若架空线断落、短路打火会引起火灾事故，可燃屋面建筑发生火灾也会烧断电力架空线路，使灾情扩大，所以 1kV 及以上的电力架空线路不应跨越可燃屋面的建筑，如图 4-42 所示。

村民的安全用电意识较为薄弱，通常为了贪图方便私拉电线入户且在电线上悬挂物体，消防隐患极大。因此，严禁村民乱拉

乱接电气线路，严禁在电气线路上搭、挂物品，如图 4-43 所示。

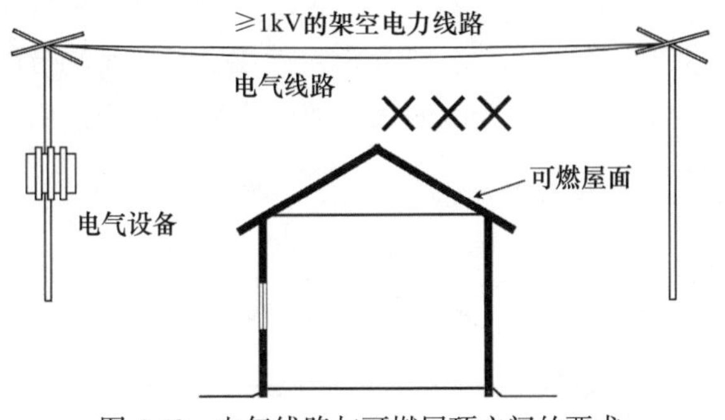

图 4-42　电气线路与可燃屋顶之间的要求

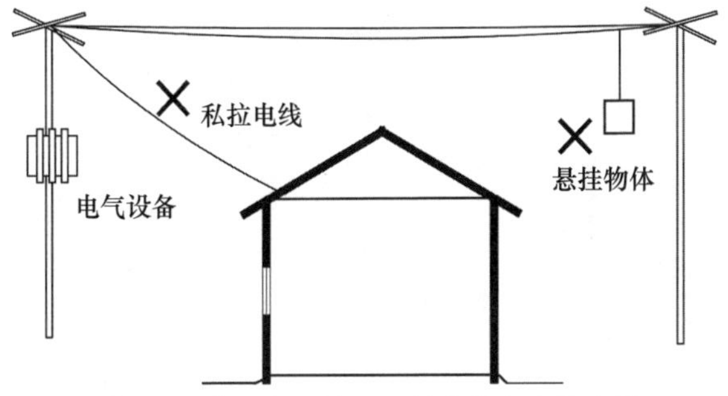

图 4-43　禁止在电线上悬挂物体与私拉电线

配电箱、电表箱应采用不燃烧材料制作；可能产生电火花的电源开关、断路器等应采取防止火花飞溅的防护措施。严禁使用铜丝、铁丝等代替保险丝，且不得随意增加保险丝的横截面积，如图 4-44 所示。

室内电气线路的敷设应避开潮湿环境、酸碱腐蚀性场所与炉灶烟囱等高温部位，不应直接敷设在可燃物上；当必须敷设在可燃物上或在有可燃物的吊顶内敷设时，应穿金属管、阻燃套管保护或采用阻燃电缆。

家用电器起火占火灾发生的大部分原因，不少村民购买的电器产品多为“三无”产品，质量得不到保证，因此不要贪图便宜，从官方途径购买安全电器。应经常检查线路负荷，发现过负荷时，要减少用电设备或调换截面较大的电线，且尽量避免同时使用大功率电气设备，如图 4-45 所示。线路负载要平均分配，大功率用电设备宜单独布线。电源插头要完全插入电源插座中，如果松脱可能会发热导致火灾。

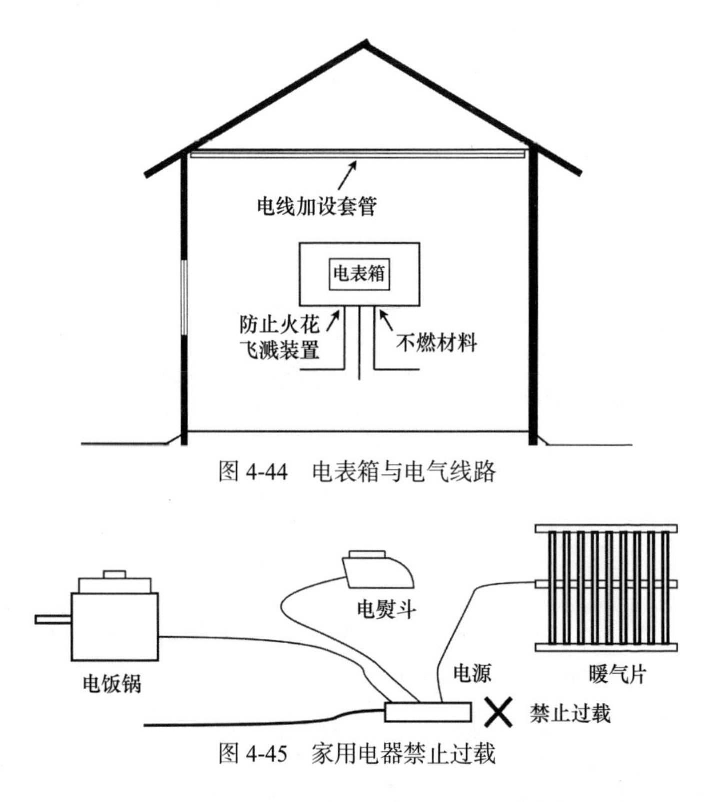

图 4-44　电表箱与电气线路

图 4-45　家用电器禁止过载

电热炉、电暖器、电饭锅、电熨斗、电热毯等电热设备的火灾危险性大，由此引发的火灾事故很多。该类电热设备附近不应放置可燃物，且在使用期间应有人看护，应留意观察设备温度，防止超温作业，超温时应及时采取断电等措施。在停电、人员外出或用电设备长时间不使用时，应将插头从电源插座上拔出，彻底关断用电设备的电源。使用完毕后应及时切断电源，停电后应拔掉电源插头，关断通电设备。

农村照明灯具距可燃物过近，若灯具破碎易引燃可燃物，应与可燃物保持一定的距离，当与其靠近时，应采取隔热等保护措施，严禁使用可燃材料制作的无骨架灯罩。如图 4-46 所示。

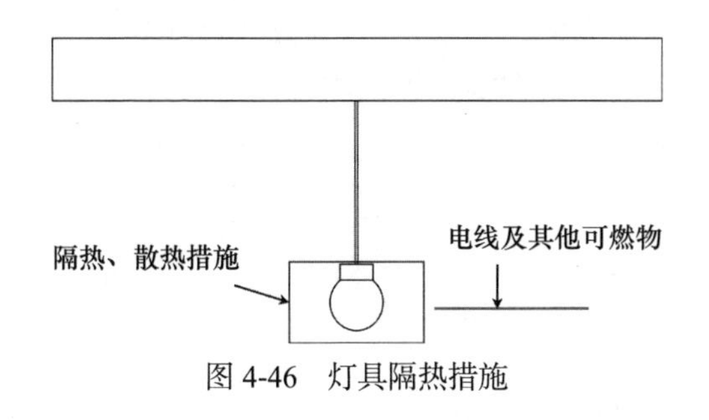

图 4-46 灯具隔热措施

卤钨灯和额定功率超过 100W 的白炽灯泡的吸顶灯、槽灯、嵌入式灯，其引入线应采用瓷管、矿棉等不燃材料作隔热保护。卤钨灯、高压钠灯、金属卤灯光源、荧光高压汞灯、超过 60W 的白炽灯等高温灯具及镇流器不应直接安装在可燃装修材料或可燃构件上，如图 4-47 所示。

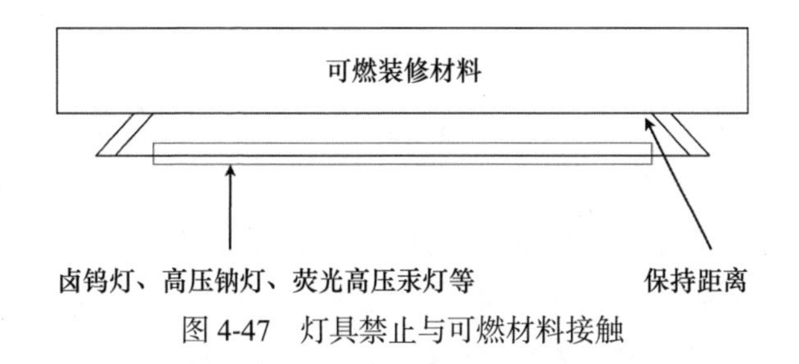

图 4-47 灯具禁止与可燃材料接触

近些年来，许多农村走上使用清洁能源的道路，沼气是清洁能源的一种，因此许多地方开始修建沼气池。沼气池周围宜设围挡设施，防止明火与人员靠近，并应设明显的标志，顶部应采取防止重物撞击或汽车轧行的措施。

北方冬季应对沼气池盖上的可燃保温材料采取防火措施。沼气池在进出料、加水或试压灌水时，易造成池内反应激烈的现象，产生过大压力，有使池盖爆裂的危险，因此在大型沼气池盖上和储气缸上，应当装有安全阀或防爆安全薄膜，万一发生爆炸可以减少破坏危害。沼气池进料口、出料口及池盖与明火散发点的距离不应小于25m。当采用点火方式测试沼气时，应在沼气炉上点火试气，严禁在输气管或沼气池上点火试气。沼气池检修时，应保持通风良好，并严禁在池内使用明火或可能产生火花的器具。水柱压力计U形管上端应连接一段开口管并伸至室外高处。沼气输气主管道应采用不燃材料，各连接部位应严密紧固，输气管应定期检查，并应及时排除漏气点，如图4-48所示。

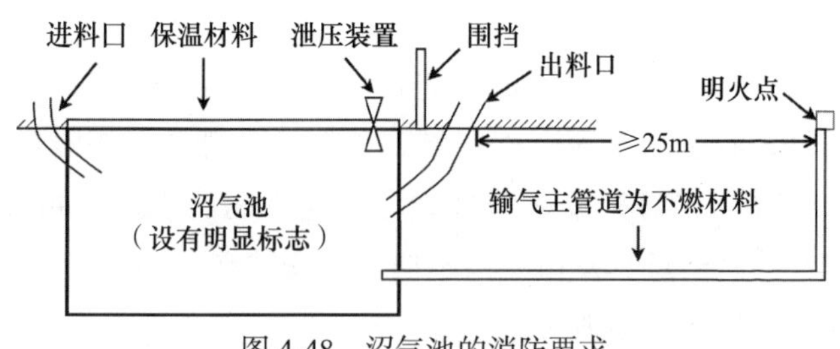

图4-48　沼气池的消防要求

当前国内还有很多农村未接通天然气管道，为了方便做饭，瓶装液化石油气已基本走进每一户村民家中。根据查阅相关资料可知，一个液化石油气钢瓶发生爆炸的威力等同于3000颗手雷爆炸，因此液化石油气钢瓶一旦发生爆炸后果不堪设想。

液化石油气密度比空气大，如果发生泄漏，汽化后的气体就会往低处流动，并积存在低洼处不易被风吹散，一旦达到爆炸浓度，遇火源就会发生燃烧爆炸。所以，钢瓶严禁在地下室存放。液化石油气不应接近火源、热源，也不应与化学危险物品混放，同时防止日光直射，并且与灶具之间的安全距离不应小于0.5m。严禁使用超量罐装的液化石油气钢瓶，严禁敲打、倒置、碰撞钢瓶，严禁随意倾倒残液和私自灌气。存放和使用液化石油气钢瓶

的房间应通风良好。如图 4-49 所示。

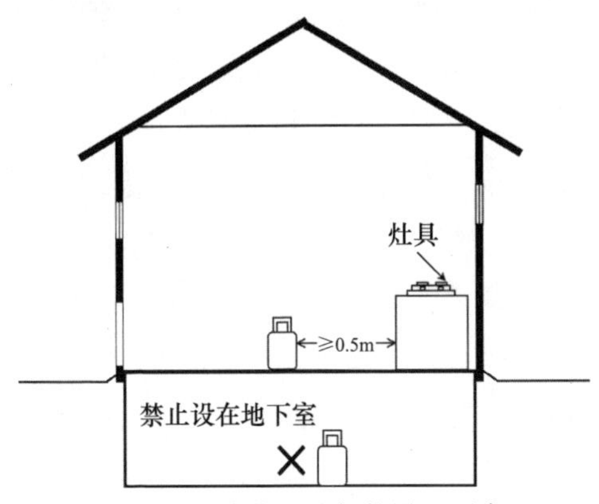

图 4-49　液化石油气的设置要求

条件较好的农村逐渐接通了燃气管道，无论是在做饭还是洗浴方面，都极大地方便了村民的日常生活。

本条提出了燃气管道的设计、敷设、安装、维护的原则要求。室外燃气管道的敷设应满足城镇燃气输配的有关技术规范要求，并且不应在燃气管道周围堆放可燃物。

燃气管道破坏时泄漏的气体，遇到明火就会燃烧爆炸。所以进入建筑物内的燃气管道应采用金属管道。为防止事故扩大，减少损失，应在总进、出气管上设有紧急事故自动切断阀，并在穿墙处加设保护套管，如图 4-50 所示。

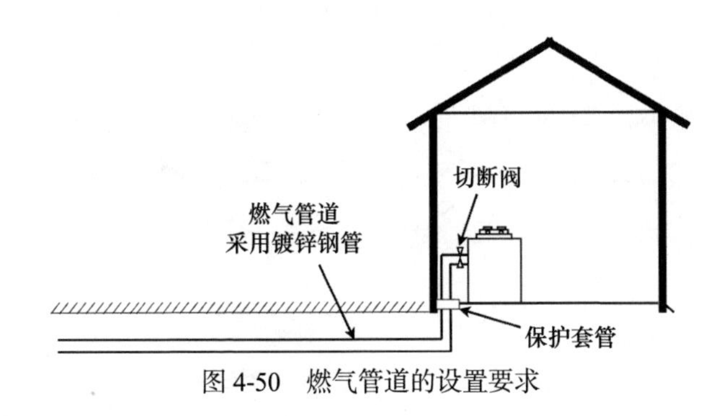

图 4-50　燃气管道的设置要求

燃气表具处存在管道燃气的接头，阀门密封不严，容易漏气，遇火源或高温作用或受潮气影响，容易发生爆炸起火，所以要保持安装场所的通风和干燥，严禁安装在卧室和浴室内。

如果发生燃气火灾时，只注重扑灭火焰而未切断气源，会引起复燃或爆炸，所以应立即关闭阀门，断绝气源，以防火灾扩大蔓延。

汽油、煤油、柴油、酒精等可燃液体，闪点低，火灾危险性较大，不应存放在居室内且远离火源、热源，如图 4-51 所示。使用油类等可燃液体燃料的炉灶或取暖炉等设备必须在熄火降温后充装燃料，且严禁使用玻璃瓶、塑料桶等易碎或易产生静电的非金属容器盛装汽油、煤油、酒精等甲、乙类液体，严禁对盛装或盛装过可燃液体且未采取安全置换措施的燃油炉灶或存储容器进行电焊等明火作业，如图 4-52 所示。

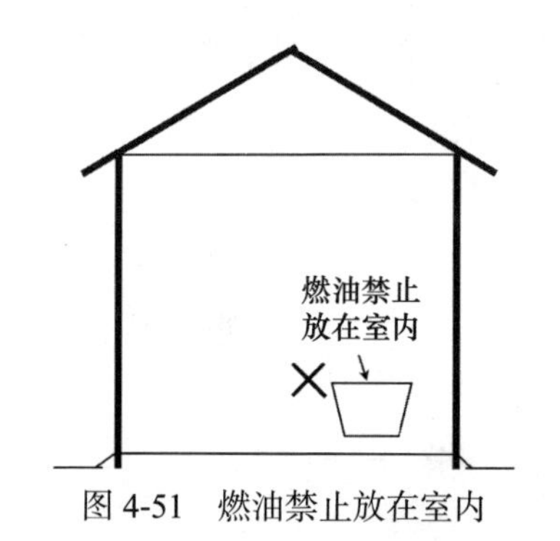

图 4-51　燃油禁止放在室内

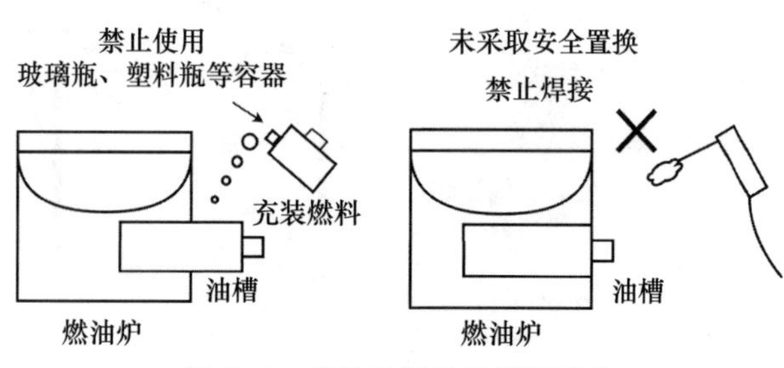

图 4-52　燃油及燃油炉设置要求

4.6 材料阻燃技术及方法

4.6.1 建筑材料的分类及特点

建筑材料是指建筑工程中用于建筑物结构体和构件的各种材料及制品的总称。按使用功能可分为承重材料（钢筋、混凝土等）、装修材料（木制品、纺织品、油漆、涂料等）以及其他功能材料（如起保温隔热作用材料、起防水作用材料、起吸声作用材料等）。农村自建房建筑用阻燃材料如图 4-53 所示。

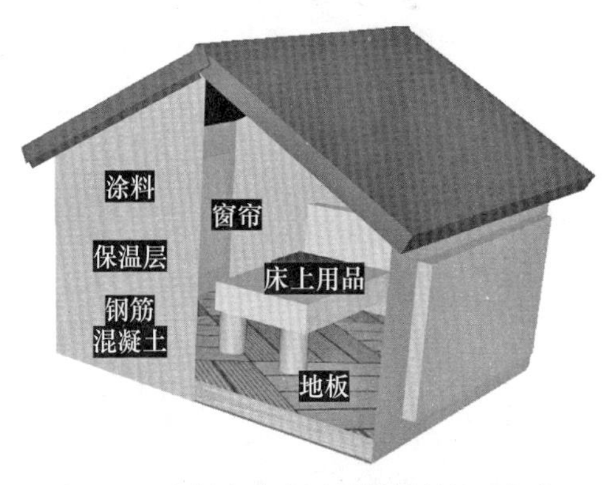

图 4-53 农村自建房用阻燃材料组成部分

4.6.2 建筑材料阻燃的意义和必要性

当前我国自建住房火灾高发且自建房多分布于农村，如图4-54所示。农村多发火灾的主要原因包括人为引起（小孩玩火、烟头处理不当、生活用火不慎等）、电线电路设备故障、农民防火安全意识淡薄。农村自建房屋使用了大量可燃、易燃的建筑及装修材料。因此，建筑材料的燃烧性能和建筑构件的耐火极限是影响建筑火灾的重要因素之一。

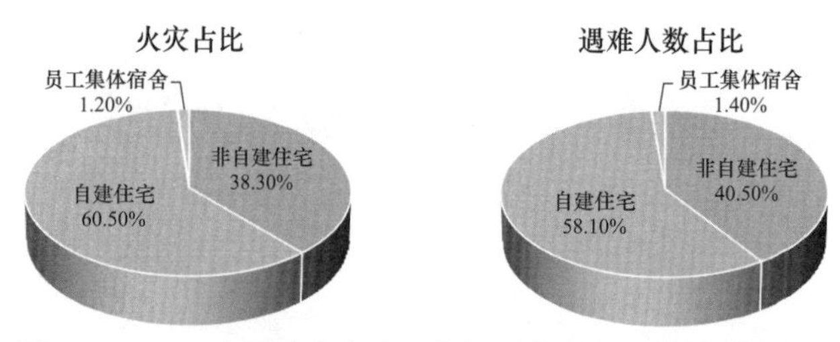

图 4-54　2021 年自建住宅在居住场所中火灾及遇难人数占比

4.6.3　建筑及装修材料的阻燃技术和方法

1. 钢筋混凝土承重结构的阻燃

钢筋混凝土结构虽有不燃性，但其防火隔热差，在高温时钢结构及其构件迅速升温的同时伴随着强度刚度降低。钢结构防火涂料能够有效提高钢结构的耐火极限，满足建筑防火设计规范要求，如图 4-55 所示。

图 4-55　钢筋涂层阻燃

混凝土在高温下会产生炸裂，混凝土防火涂料是钢筋混凝土结构防火保护的最佳选择，将其涂覆于混凝土表面，可有效延长甚至防止混凝土倒塌，从而延长人员疏散和灭火时间，更好地保护人民生命财产的安全。如图 4-56 所示，在高温下，混凝土表面形成较厚的海绵状屏蔽层，延缓高温渗透至基体内部。

（a）　　（b）

图 4-56

（a）未涂防火涂料混凝土试块破坏后的外貌

（b）涂有防火涂料混凝土试块破坏后的外貌

2. 装修材料的阻燃

1）木制品

木材是一种可再生资源，加工性强。因其美观自然、无污染、耐久性强而广泛应用于房屋建筑以及室内装饰，如图 4-57 所示。但是木材的易燃性不仅会导致火灾蔓延，而且燃烧时产生大量烟气，从而导致人员伤亡。

图 4-57　农村自建房构件及装修用木制品

目前常用的商品化的木制品包括人造板（刨花板、胶合板、纤维板）和木塑板。

刨花板是指将各种枝芽、小径木、速生木材、木屑等切削成一定规格的碎片，经过干燥，拌以胶料、硬化剂、防水剂等，在一定的温度压力下压制成的一种人造板。大部分阻燃刨花板是通过物理混合的方法制备而成的，主要是在胶粘剂中加入阻燃剂，具体过程如图 4-58 所示。

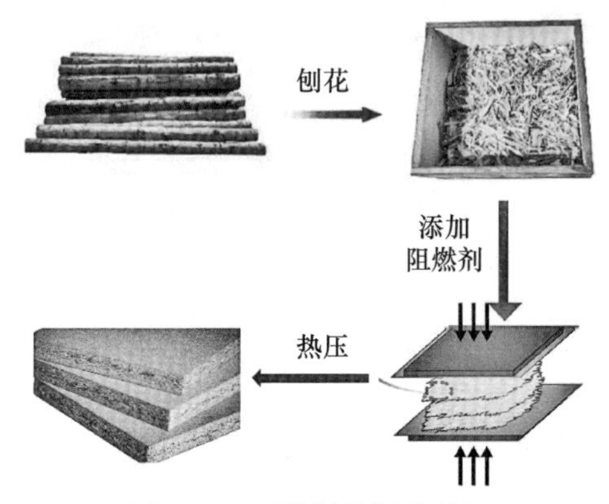

图 4-58　阻燃刨花板的制备

阻燃胶合板是指采用阻燃胶粘剂将木段切成的单板或由木方刨切成薄木粘结而成的阻燃制品，如图 4-59 所示。

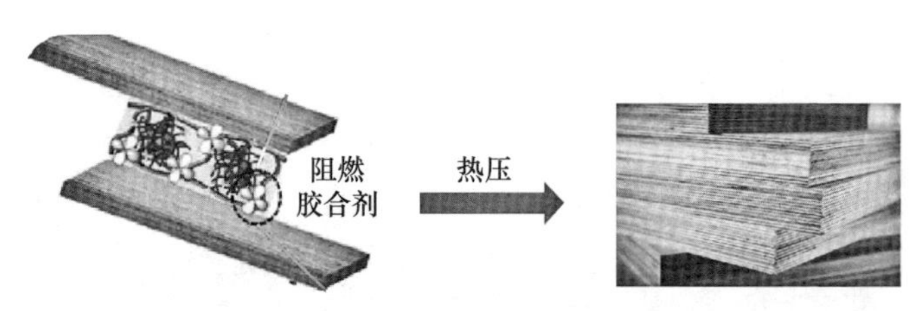

图 4-59　胶合板的制备

纤维板是由木质纤维素纤维交织成型并利用其固有胶粘性制成的人造板。阻燃纤维板是指在加工过程中施加阻燃胶粘剂或者将阻燃无机纳米粒子热压入基体内部而制备成的阻燃人造板，制备过程类似于刨花板。

木塑复合材料是用磨碎的木材颗粒（木粉、稻壳、秸秆等）和热塑性树脂复合而成的可再生生物复合材料，简称 WPC。常用的聚合物树脂包括聚苯乙烯（PS）、聚乳酸（PLA）和聚丙烯

（PP）。一般而言，常采用涂层法对木塑材料进行阻燃处理，具体过程，如图 4-60 所示。

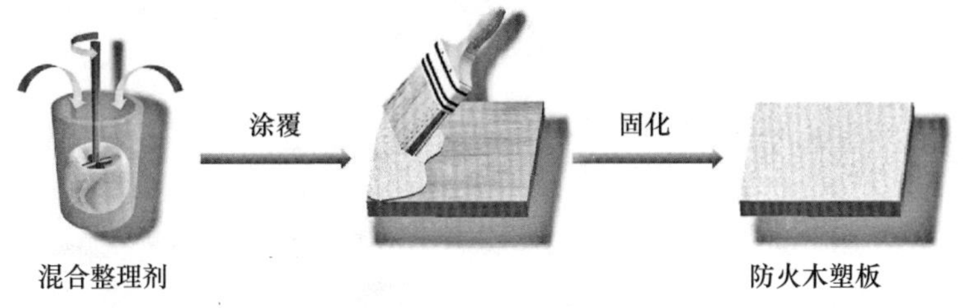

图 4-60 阻燃木塑材料的制备

2）饰面型防火涂料

饰面型防火涂料是一种集装饰和防火为一体的涂料，是各种建筑内部装饰装修的主要选择。当发生火灾时，防火涂料可以防止火灾蔓延，从而达到保护基材的目的。目前所使用的饰面型防火涂料多数为膨胀型防火涂料。当受到火焰或者高温作用时，会形成海绵状炭化层或釉质保护层，其厚度是普通涂膜状态下的几百倍，能够有效降低升温速率从而保护内部基材，如图 4-61 所示。

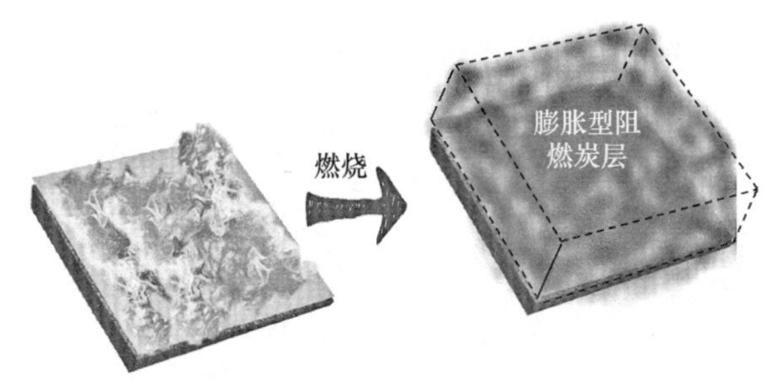

图 4-61 饰面型防火涂料阻燃

3）纺织品

室内用纺织品包括地面铺饰类、墙面贴饰类、床上铺饰类、陈设装饰类。但它们都是易燃的，对纺织品进行阻燃整理可延长逃逸时间，降低燃烧热释放，从而减少火灾造成的损失。

纺织品阻燃改性方法包括后整理、共聚阻燃改性以及共混阻燃改性三种方法。

后整理主要应用于成品织物中，通常采用浸渍法将阻燃剂结合到织物表面从而达到阻燃的效果，如图 4-62 所示。

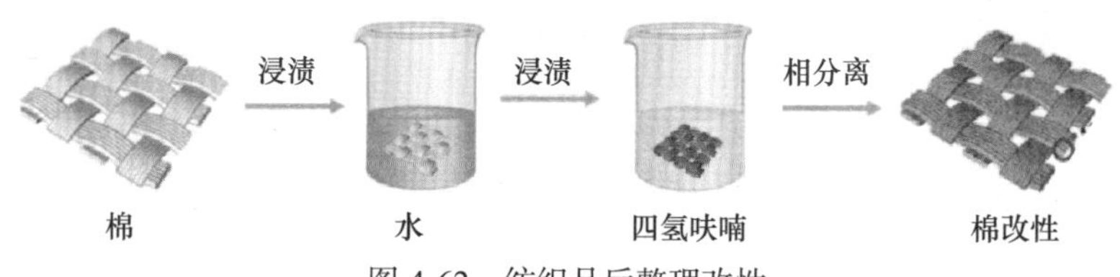

图 4-62　纺织品后整理改性

共聚阻燃改性是指在聚合物的合成阶段将阻燃剂与聚合物单体组分进行聚合而制备成阻燃聚合物的过程。进一步将聚合物纺丝织造制备成阻燃织物如图 4-63 所示。共聚阻燃改性能够在较少的添加量下达到理想的阻燃效果，但是加工工艺相对复杂。

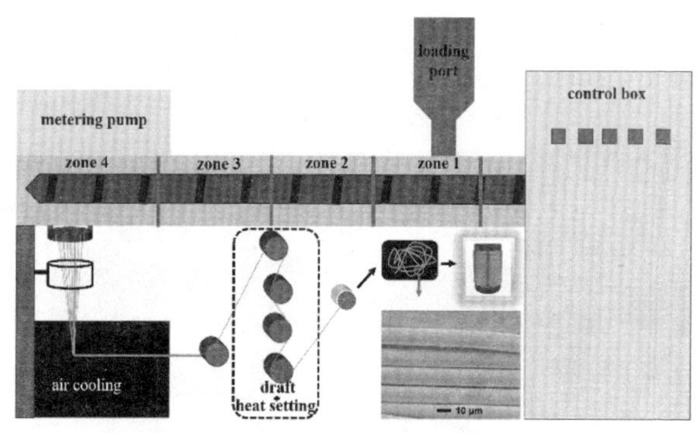

图 4-63　共聚阻燃改性

共混阻燃改性是指将阻燃剂和聚合物基体物理混合从而制备阻燃复合物，进而纺丝织造成阻燃织物，如图 4-64 所示。但是共混改性过程中，纺织品力学强度受阻燃剂粒径大小、阻燃剂与基体相容性以及阻燃剂添加量的影响。

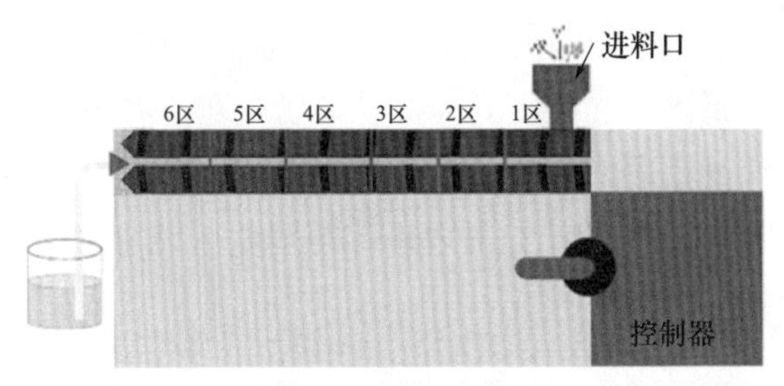

图 4-64 共混阻燃改性

3. 塑料管道和部件的阻燃

常见的管道管材包括镀锌钢管、薄壁钢管、焊接钢管等。随着建筑工程市场竞争加剧从而导致建造成本被压缩，越来越多的塑料管材替代钢材。塑料管道具有节能、抗绝缘、抗腐蚀等特点。

商用的塑料管包括聚乙烯（PE）管、交联聚乙烯（PE-X）管、聚氯乙烯（PVC）管、聚丙烯（PP）管、无规共聚聚丙烯（PP-R）管、PE-RT（耐热聚乙烯）、PE\HDPE（增强高密度聚乙烯）ABS 管、聚丁烯（PB）管等。塑料管道常用的阻燃方法是通过在塑料外壁材料中添加阻燃剂制备阻燃塑料管。

4. 电线电缆阻燃

电线电缆主要通过桥架的方式贯穿墙体，易造成原有结构的完整性及防火性被破坏。大部分电线电缆材料是电绝缘和易燃的，由于电起火和诸多外因极易产生火灾且一旦发生火灾，火、烟气和毒性气体通过电线电缆和各类管道等穿越孔洞向邻近空间扩散，造成严重后果。

高分子材料在电缆中的用量仅次于金属材料，主要应用于电线电缆的绝缘层、护套层、绕包层和填充等。制备阻燃电线电缆的方法主要包括物理共混、涂层、高能电子辐射等。

5. 保温材料的阻燃

现有的商用建筑用保温材料是以石油为基础的聚氨酯泡沫

（PU）和可膨胀聚苯乙烯（PS），如图 4-65 所示。由于其价格低廉，导热率低及抗压强度高而广受市场欢迎，但是其易燃，且一旦点燃就会迅速释放大量的热量和有毒的烟雾，从而造成了巨大的生命财产损失。因此，需要确保聚合物泡沫保温性能的同时，提高防火安全性能。

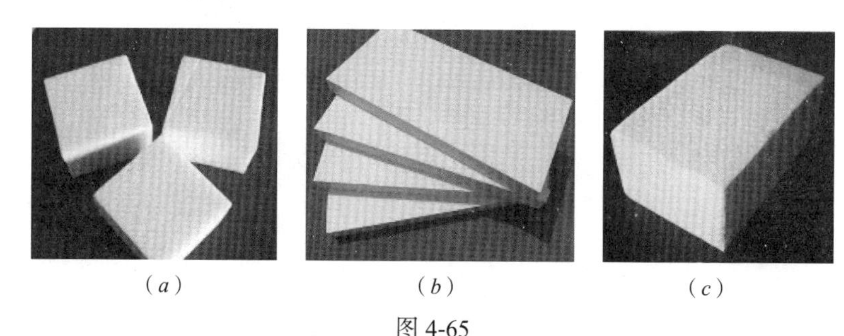

（*a*）　　（*b*）　　（*c*）

图 4-65

（*a*）聚氨酯泡沫　（*b*）可发性聚苯乙烯泡沫　（*c*）挤塑式聚苯乙烯泡沫

1）硬质聚氨酯泡沫（PUFs）

PUFs 泡沫保温效果好，比强度高，电学性能好，耐化学品性能好，从而广泛应用于屋面和墙体的建筑材料中。但由于其小网状结构，很容易燃烧，如果不进行阻燃处理难以达到建筑材料的防火要求。近年来，人们不断地努力开发耐火硬质聚氨酯泡沫塑料，目前采用防火涂料提高泡沫阻燃性能，如图 4-66 所示，能够在较低阻燃剂的使用量下显著提高阻燃性能。

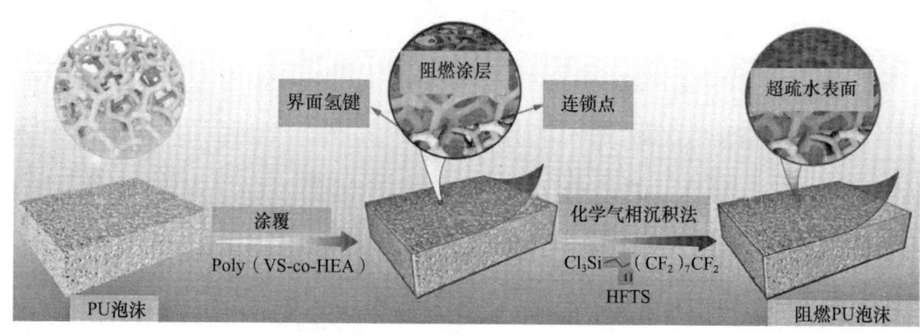

图 4-66　硬质聚氨酯泡沫涂层整理

2）聚苯乙烯泡沫

可膨胀聚苯乙烯（PS）是一种通用的聚苯乙烯泡沫，主要分为两大类，分别是挤塑式聚苯乙烯泡沫（XPS）和可发性聚苯乙烯泡沫（EPS）。XPS是聚苯乙烯树脂与其共聚物，通过加热挤塑而制成的硬质泡沫材料。EPS是聚苯乙烯树脂通过发泡、模塑成型的泡沫材料。

XPS具有蜂窝状结构，着火后火焰燃烧极为迅速，因此该材料在建筑堆放以及施工中极易发生火灾。目前，常采用涂层法制备阻燃XPS板，常用的阻燃剂为膨胀型阻燃剂、纳米黏土、硅藻土等。

EPS泡沫闭孔率高、保温性能好，但是在任何类别的环境燃烧测试中均能迅速燃烧。

常用的制备阻燃EPS的方法为在EPS发泡过程中添加阻燃剂至EPS基体中和发泡成型后对EPS泡沫进行涂覆，如图4-67所示。

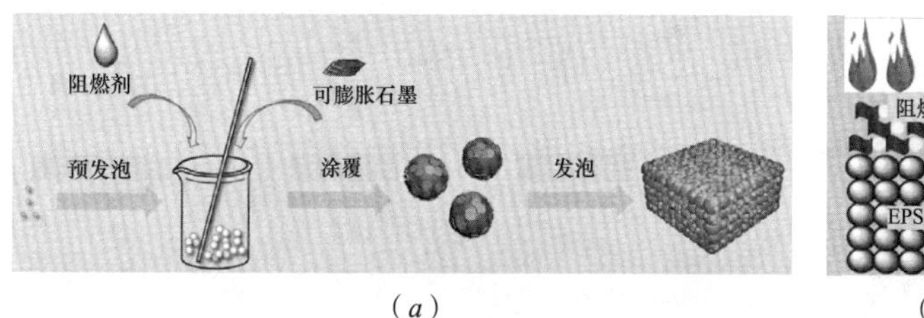

（*a*）

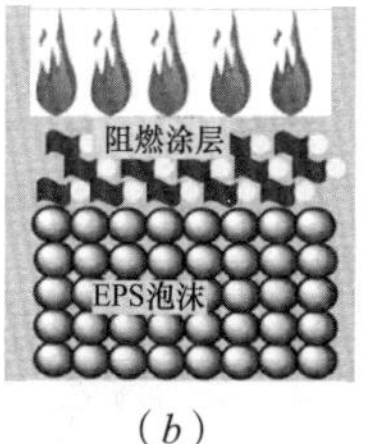

（*b*）

图4-67

（*a*）包覆法　（*b*）表面涂覆法

5 保证疏散安全技术及方法

5.1 疏散设施

自建房往往把楼梯设置在内部，且仅为一个敞开式内部楼梯，如图 5-1 所示，这对于集多种使用功能（如典型的下店上宅式）于一体的自建房来讲是十分危险的，这种楼房往往在一楼堆放大量的可燃、易燃物品，一旦一楼发生火灾，毒性大、温度高的火灾烟气将顺着楼梯通道蔓延至上部楼层，加之自建房外窗、阳台都会安装防盗网、广告牌、铁栅栏，此时火场被困人员既无法通过唯一的楼梯向下疏散，也无法通过跳窗逃生，只能陷入“叫天天不应，叫地地不灵”的绝境。因此，可在防盗窗上安装可开启的窗门，或者配置逃生梯、逃生绳子等辅助疏散设施。

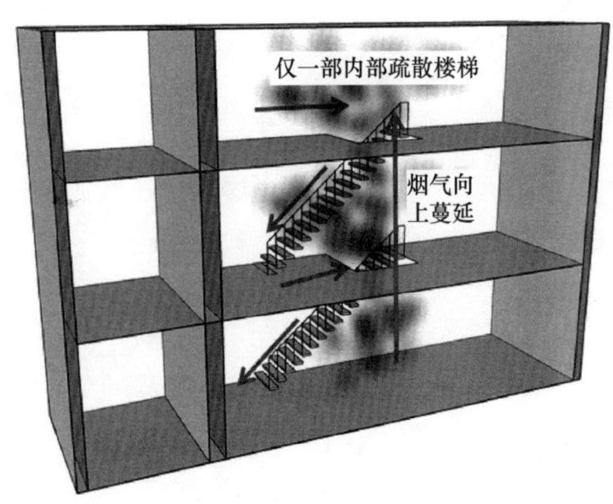

图 5-1　室内只存在单一的疏散通道

2021 年 6 月 25 日凌晨 3 时许，河南省柘城县远襄镇北街一武术馆发生火灾，造成 18 人死亡、4 人重伤、12 人轻伤，这场火灾主要原因之一就是该自建房只有一部内部楼梯且窗户装有防盗栏，火灾发生后，学员无处可逃。

疏散通道为保障安全疏散的生命之道，通道两侧墙体应当具有相当的耐火能力，如图 5-2 所示，不能火一烧就透，甚至本身的材料就是可燃、易燃的，尤其是使用泡沫夹芯彩钢板，其隔层为泡沫，燃点极低，着火后会冒出大量有毒浓烟，大多数伤亡就是因为吸入浓烟所致，安全隐患极大，造成群死群伤的无数火灾案例表明，这种做法是非常危险的。因此，对于疏散通道两侧的墙体一定按照有关规定建造，不能贪图便宜和一时的方便，最后造成不可挽回的损失。

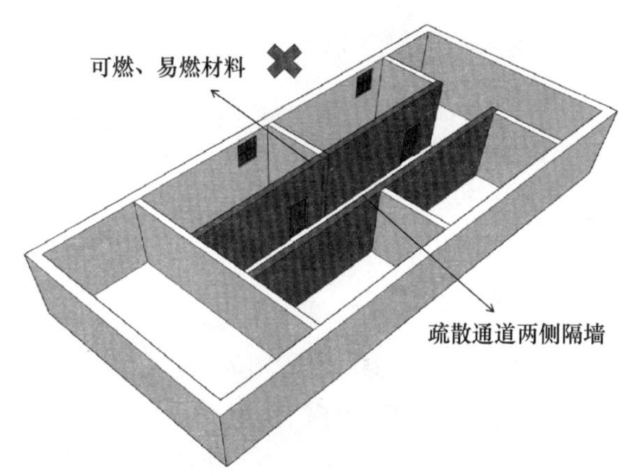

图 5-2　疏散通道两侧隔墙应具备一定耐火性能

具有生产、经营、租住使用功能之一，且从业人员、营业期间室内人员、住宿人员达到 10 人及以上的自建房，符合以下 3 种情形之一的，疏散楼梯不应少于 2 部，首层安全出口不应少于 2 个，图 5-3 所示为不满足疏散要求的自建房。

每层建筑面积超过 $200m^2$ 的自建房、屋顶承重构件和楼板为可燃材料的自建房、建筑层数为 4 层及以上的自建房，此类自建房往往存放较多可燃物且人员较为密集，存在较高的火灾风险，房内人员较多、对疏散路径不熟悉，因此应该有更多的疏散途径逃生。当疏散楼梯和安全出口不足时，应增加室外楼梯和安全出口。

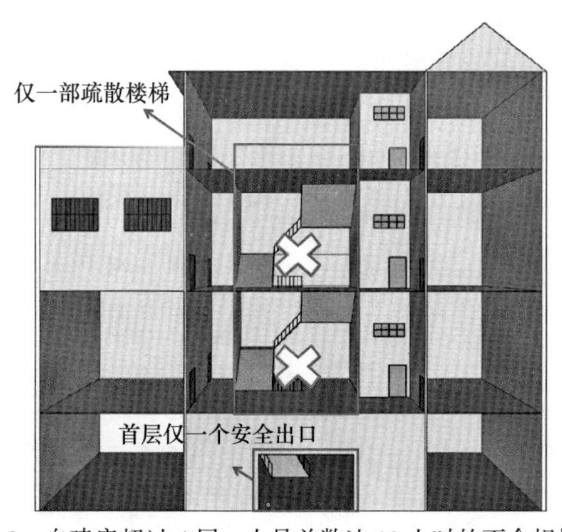

图 5-3　自建房超过 4 层、人员总数达 10 人时的不合规情形

生产经营租住村民自建房，指将自建房改造成具有生产功能的加工作坊、小仓库、小冷库等；改造成具有经营性功能的商店、网吧、纯餐饮场所、公共娱乐场所、幼儿园、培训机构、养老机构等；改造成具有租住功能的出租屋、小旅店、民宿、农家乐等场所。尤其是网吧、幼儿园、养老机构、小旅店等人员较为密集、人员活动能力有限、人员对场地不熟悉的场所，应设置疏散照明设施，如图 5-4 所示。火灾后正常照明电源易失效，在建筑必要部位设置疏散照明灯具可有效保证人员疏散逃生。

设置的区域可以包含但不限于以下地点：楼梯间及前室、疏散走道、人员密集场所（如网吧的营业区、加工坊的生产间）。具体应设置在墙面的上部、顶棚上或出口的顶部。

图 5-4　应急照明灯具

生产经营租住村民自建房，除应急疏散照明设施外，还需要设置灯光疏散指示标识，如图 5-5 所示，设置的位置应该符合下述的要求：

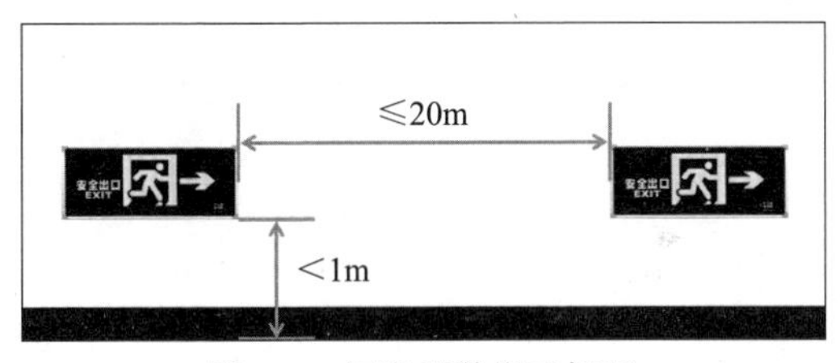

图 5-5　灯光疏散指示标识

一是，设置在安全出口和疏散门的正上方，可以引导逃生人员在烟雾笼罩的火场环境下找到逃生出口；

二是，设置在疏散走道和走道转角处离地面高度 1m 以下的墙面，火场烟雾从上往下逐渐积累，因此疏散指示标识不应该设置在高处，这样可以避免标识被烟雾遮挡而失去作用。另外，两个标识之间的距离不应该大于 20m。

当经营性自建房属性是公共建筑（如网吧、KTV、托儿所、养老院、幼儿园等）时，因公共建筑的人员较为密集、可燃物较多，发生火灾后火势发展迅速，因此不仅对疏散楼梯、安全出口的数量有要求，对疏散楼梯、疏散通道、安全出口的宽度也是有要求的，一旦宽度不满足要求，疏散时极有可能发生人挤人的现象，降低疏散效率，这对于分秒必争的逃生过程是非常不利的，往往多吸入的几口浓烟就有可能带走一条宝贵的生命。具体的宽度要求为：疏散门和安全出口的净宽度不小于 0.9m，疏散走道和疏散楼梯的净宽度不小于 1.1m，如图 5-6 所示。

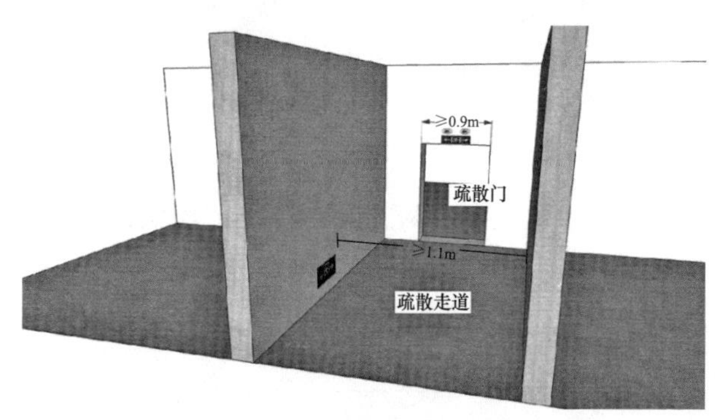

图 5-6　疏散走道、疏散门宽度要求

人员密集型公共场所，人员逃生时往往会在疏散门附近发生拥堵，甚至发生摔倒、踩踏事故。例如，2008 年 12 月 12 日山西省运城市盐湖区一保健中心发生火灾，由于人员极度的恐慌情绪，导致了群体性踩踏事件，最终造成 7 死 10 伤的群死群伤严重后果。所以，如图 5-7 所示，疏散门不应设置门槛，其净宽度不应小于 1.40m，且紧靠门口内外各 1.40m 范围内不应设置台阶。

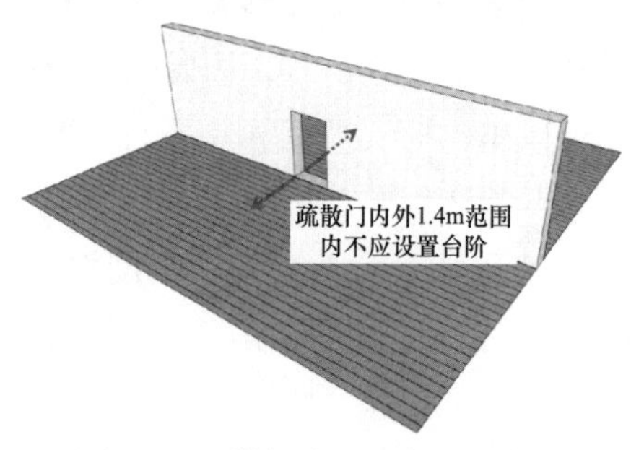

图 5-7　疏散门附近不应设置台阶

疏散楼梯是建筑物中的主要垂直方向安全疏散的重要通道，又是消防队员灭火的辅助进攻路线，如图 5-8 所示。因此疏散楼梯应按照规定尺寸建造，满足疏散和灭火的需要。具体要求如下：

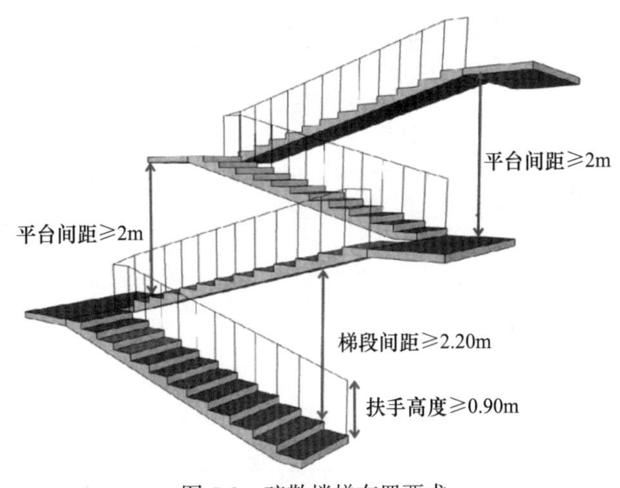

图 5-8　疏散楼梯布置要求

1）每个梯段的踏步不应超过 18 级，亦不应少于 3 级；

2）楼梯平台上部及下部过道处的净高不应小于 2m，梯段净高不宜小于 2.20m；

3）楼梯应至少于一侧设扶手，且扶手高度不宜小于 0.90m。

对于楼梯间的设置形式，要根据建筑使用类型、危险程度，设置不同的楼梯间。楼梯间分为开式楼梯间、闭式楼梯间、防烟楼梯间，如图 5-9 所示。2020 年 8 月 31 日凌晨，贵州省毕节市黔西县莲城街道，某村民自建房发生火灾。共造成 3 人死亡，13 人不同程度受伤。该 7 层建筑，1 层用于经营、储存，内部设有开式楼梯间，因此着火后，浓烟顺着楼梯间而上，3 名死者均倒在距离楼顶一步之遥的楼梯间内。可见，对于设置何种类型楼梯间也要依照相关要求，慎重设置。

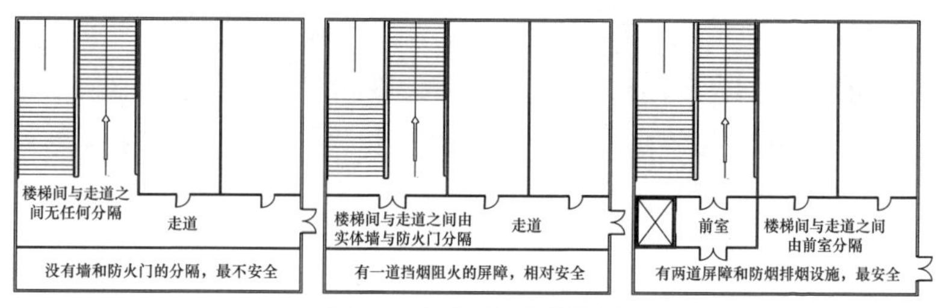

图 5-9　不同类型楼梯间

疏散楼梯间应设置自然采光、自然通风窗，并宜靠近外墙设置，为了避免楼梯间附近房间内火势、烟气蔓延至楼梯间，避免疏散楼梯间被烟气侵入，楼梯间、前室及合用前室外墙上的窗口与两侧门、窗、洞口最近边缘的水平距离不应小于 1.0m，如图 5-10 所示。

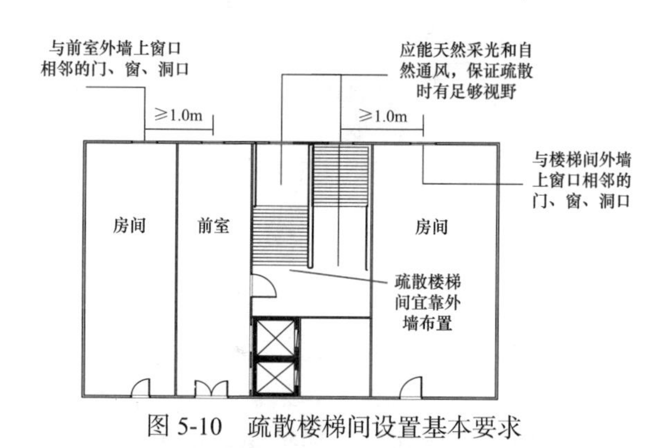

图 5-10　疏散楼梯间设置基本要求

当新建、改建自建房具有下列使用性质时，应采用封闭楼梯间（包括首层扩大封闭楼梯间）或室外疏散楼梯：

① 医院、疗养院的病房楼；

② 旅馆；

③ 超过 2 层的商店等人员密集的公共建筑；

④ 设置有歌舞娱乐放映游艺场所且建筑层数超过 2 层的建筑；

⑤ 超过 5 层的其他公共建筑。上述建筑火灾可燃物多或人员密集，对于疏散楼梯间的安全性要求较高，因此应该采用封闭楼梯间，如图 5-11 所示。

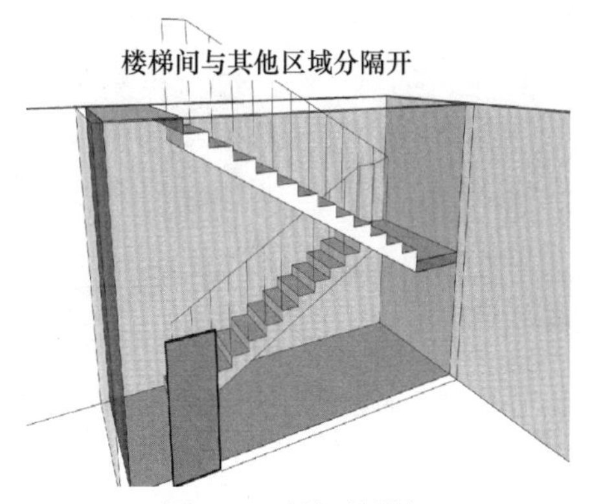

图 5-11　封闭楼梯间

布置在楼梯间内的可燃气体管道，因为整个空间相对封闭，一旦泄漏，可燃气体容易聚集、积累，可能导致极其严重的后果，如图 5-12 所示。所以封闭楼梯间、防烟楼梯间及其前室内禁止穿过或设置可燃气体管道。敞开楼梯间内不应设置可燃气体管道，当住宅建筑的敞开楼梯间内确需设置可燃气体管道和可燃气体计量表时，应采用金属管和设置切断气源的阀门。

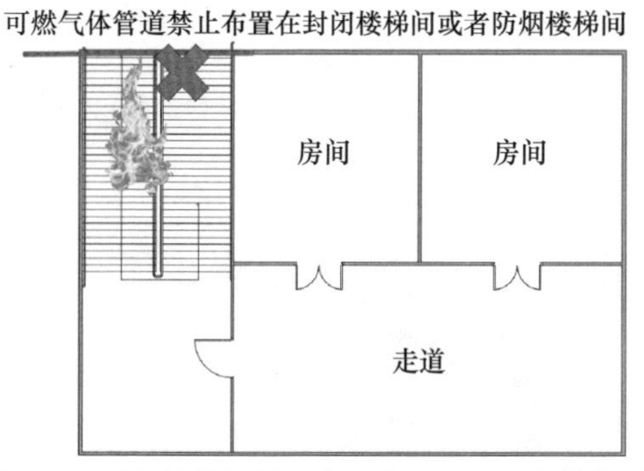

图 5-12　封闭楼梯间禁止穿过或设置可燃气体管道

对于“下店上宅”类村民自建房，即下层营业、上层住人的自建房，要将疏散楼梯与营业区域分隔开，避免烟气侵入疏散楼梯，保证火灾时人员安全疏散。分隔措施为砌筑防火隔墙、安装防火门，如图 5-13 所示。

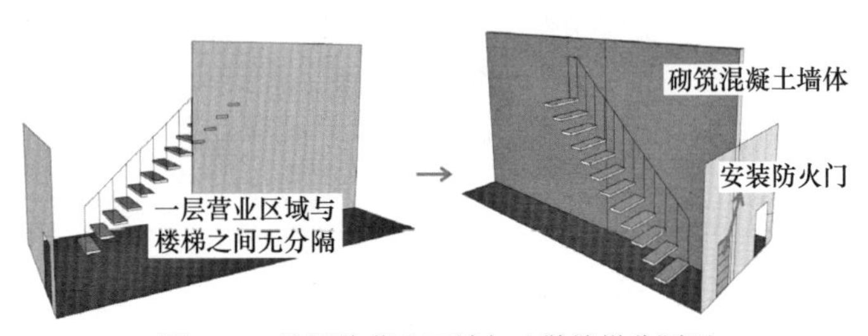

图 5-13　首层将营业区域与疏散楼梯分隔开

5. 2　疏散路径

当单层农村自建房发生火灾时，应当第一时间放下手中的事情，切记不要贪恋财物，迅速向室外疏散至庭院之外安全的空旷区域。此时，应观察风向，要向上风处疏散，如图 5-14 所示；逃生人员待自身安全后应当迅速拨打 119 火警报警电话，等待消防救援队伍的到来。

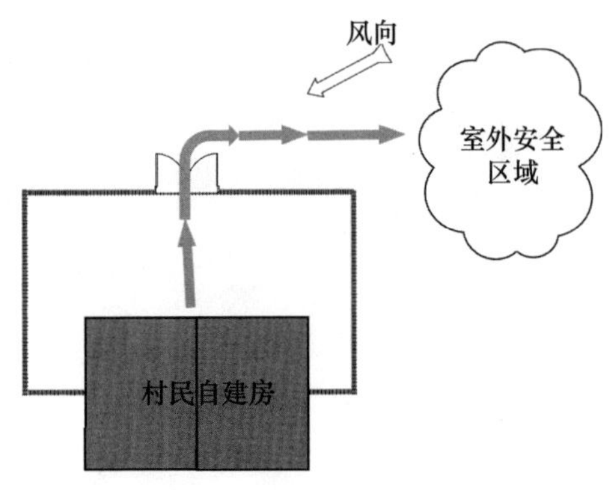

图 5-14　单层农村自建房火灾疏散路径示意

如图 5-15 所示，当多层农村自建房发生火灾时，应当第一时间放下手中的事情，切记不要贪恋财物，迅速向楼梯间疏散，此时严禁乘坐房间内电梯，通过一层门厅并快速疏散到室外的空旷安全地带，注意观察风向，向上风处疏散；逃生人员待自身安全后应当迅速拨打 119 火警报警电话，等待消防救援队伍的到来；在条件允许的情况下关闭着火房间的门窗，防止火势、烟气通过门窗向其他房间蔓延，扩大火灾事态。

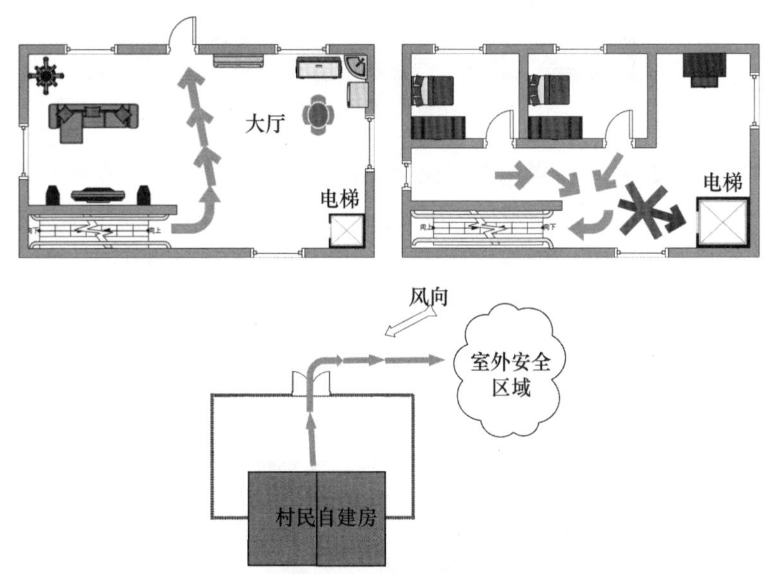

图 5-15　多层农村自建房火灾疏散路径示意

在房间内应当注意用火安全，切勿在床上吸烟以及在房间内使用明火，以防因烟头、明火掉落引燃床单、地毯、垃圾桶等易燃物品从而引发室内房间火灾。

当火灾发生在二层及以上的房间时，需要在房间内进行疏散逃生时，应当快速向房间外疏散进入到房间走廊，此时需弯腰低姿、捂住口鼻，朝着与烟气流动相反方向疏散逃生，遵循从房间—走道—楼梯间的方向进行疏散逃生，如图 5-16 所示。待逃生至安全区域后，应当拨打火灾报警电话 119，等待消防救援队伍的到来。

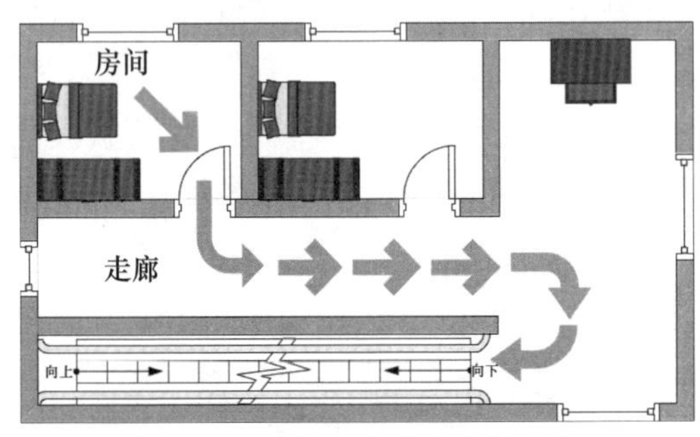

图 5-16　房间火灾逃生路径示意

在农村自建房屋内部要保持疏散通道的畅通，切勿在疏散通道上堆放生活常用杂物、易燃易爆物品等，如图 5-17 所示，避免在发生火灾时，阻碍疏散通道的畅通，影响人员安全疏散，疏散通道的不畅容易造成人员被困在火场，因火势扩大或吸入热烟气造成被困人员皮肤或呼吸道的灼伤，导致被困人员生命安全受到威胁。

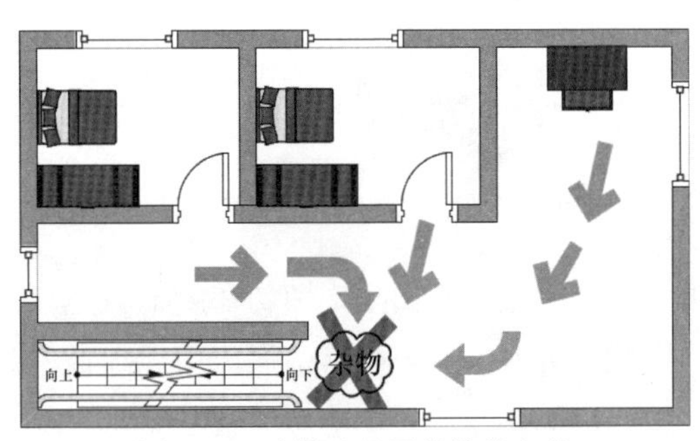

图 5-17　疏散路径严禁堆放杂物

居住在农村地区内的村民为了出行便捷，电动自行车成为村民家中必不可少的代步交通工具。村民为了方便电动自行车的充电，习惯性将电动自行车停放在自建房屋门口或临近自建房的地方进行充电，在电动自行车的充电过程中易发生电池起火、爆炸等引发火灾的风险。

因此在电动自行车充电的过程中应当保证不阻挡疏散通道，同时要确保距离疏散出口处的间距要大于6m，如图5-18所示。

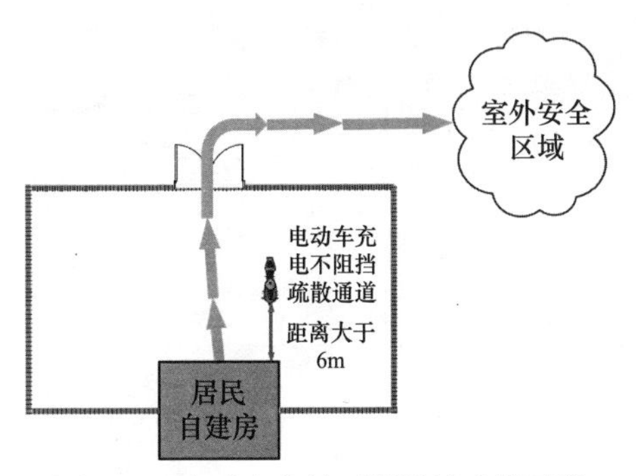

图5-18 电动车停放不得阻挡疏散通道

在农村地区通过对自建房进行改造，形成具备住宿与生产、储存、经营功能的合用场所（以下简称“合用场所”），由于房间内存放物品较多，火灾荷载大，各划分区担任不同功能，为了生产加工方便，彼此之间没有明确的防火分隔，一旦发生火灾后，火势蔓延速度较快，烟气生成量较大，烟气中含有大量有毒气体，极易对合用场所内的人员造成生命威胁。

因此，在合用场所内应当设置独立的专用疏散楼梯，并确保通向疏散安全区域内的疏散路径畅通，不可堆放生活、生产物品等，如图5-19所示。

当村民在自建房首层设置合用场所时，需加强对合用场所内的消防安全管理，增设固定消防设施、移动灭火器等，应当采用可以向疏散方向开启的平开门，如图5-20所示。并确保合用场所内生活、生产人员在发生火灾时，可以迅速通过平开疏散门逃生至室外安全区域，待自身处于安全状态后应当拨打火灾报警电话119，等待消防救援队伍的到来。

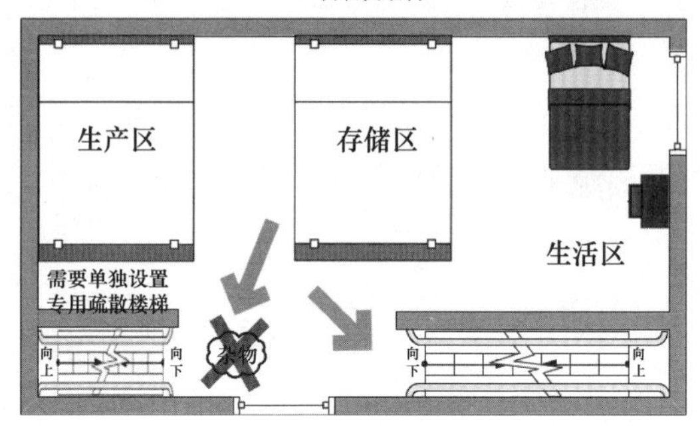

图 5-19 合用场所需单独设置专用疏散路径

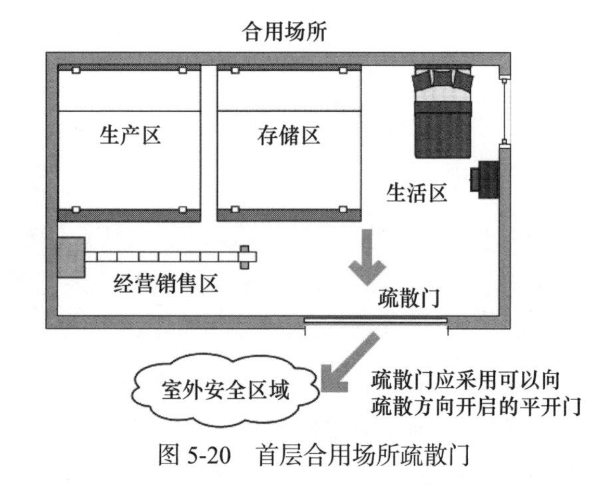

图 5-20 首层合用场所疏散门

农村地区自建房改造的多层合用场所中，在屋顶平面满足安全疏散平台设置的条件下，可以将屋顶平面作为安全疏散场地。当合用场所内的建筑发生火灾后，逃生人员可以通过合用场所内的专用疏散楼梯快速疏散到屋顶平面，如图 5-21 所示。

当屋顶平面作为安全疏散场地时，要加强对屋顶平面的消防管理，严禁在屋顶平面放置生产、加工物品以及日常生活杂物等可燃易燃物品。

合用场所是防火监督检查的重点场所，特别是在农村地区，村民通过自建房改造使用的合用场所火灾隐患极大，为了保证在

发生火灾后被困人员可以快速疏散至室外安全区域，必要时可以在自建房外配备室外专用疏散楼梯，如图 5-22 所示；此楼梯日常可作为人员进出场所的通行楼梯，但要保证此楼梯的通行顺畅，切勿将生活、生产物品堆放至楼梯上。

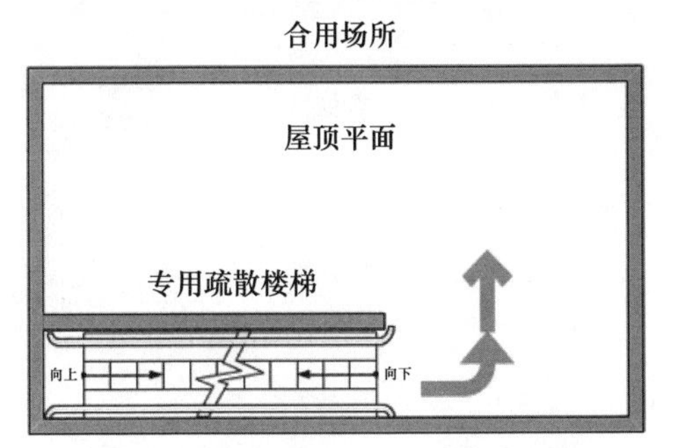

图 5-21　通过专用疏散楼梯向合用场所屋顶平面逃生示意

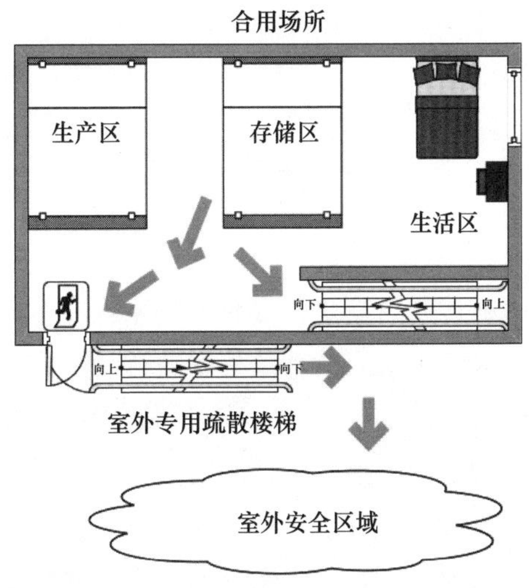

图 5-22　合用场所设置室外专用疏散楼梯

在二层及以上的农村自建房改造成合用场所后，可以增设配备具有逃生避难设施的阳台和外窗；当发生火灾后，被困人员可通过阳台和外窗的逃生避难设施快速疏散至安全区域，如图 5-23

所示；同时，逃生避难设施的设置应符合有关建筑逃生避难设施的配置标准，避免在火灾发生后因质量问题导致操作困难，造成人员伤亡的情形。

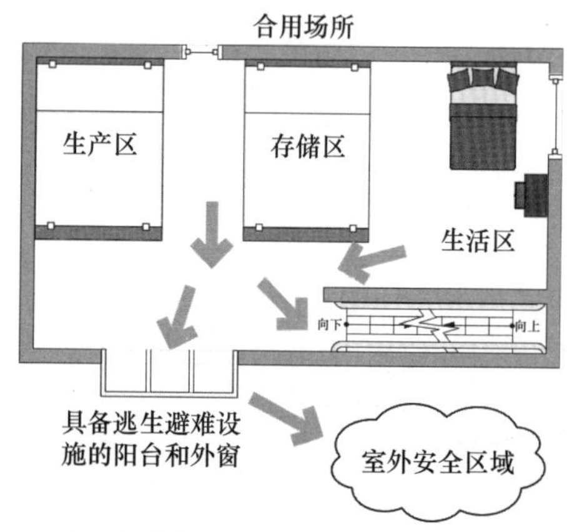

图 5-23　合用场所设置具备避难逃生设施的阳台和外窗

5.3 疏散场地

对于多层与高层村民自建房，当火灾发生后，居民应首先观察走道和疏散楼梯内是否有烟气蔓延，如果存在烟雾弥漫，万万不可盲目逃生，火灾中吸入浓烟致死率高达95%，常人吸入一口即会昏迷而丧失行动能力。此时，应关闭房门，堵住门缝，留在屋内等待救援或通过窗户逃生。这种情况下，最好的疏散场地就是自家屋内，如图 5-24 所示。

当自建房层数较多时，可将敞开的上人屋面与平台作为临时避难场所，也可作为疏散通道，进而通过同一建筑的其他疏散楼梯进行疏散，达到室外安全区域，如图 5-25 所示。上人屋面与平台不得放置可燃物或设置影响人员疏散的设施与设备，并设置应急照明与安全疏散指示标志。

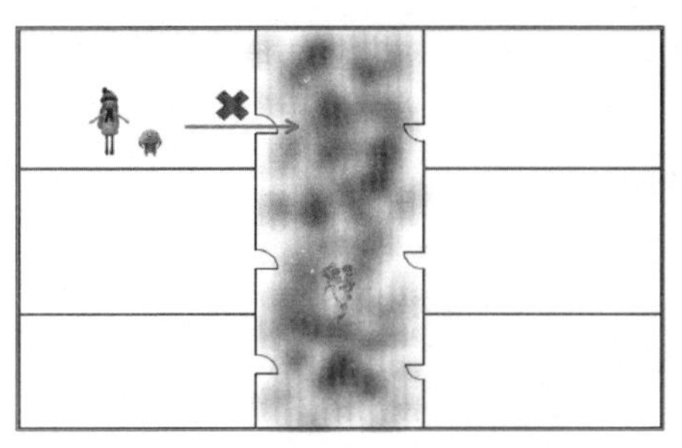

图 5-24 待在室内等待救援

图 5-25 屋面或平台作为疏散场地

当身处酒店、商场等人员密集的自建房内时，通过疏散楼梯逃生或原地等待救援不能实现时，可疏散至公共厕所，利用厕所内的水源泼洒至门上，从而降低门的温度、封堵门缝，如图 5-26 所示。同时，敲打金属物品或大声呼救吸引救援人员注意。

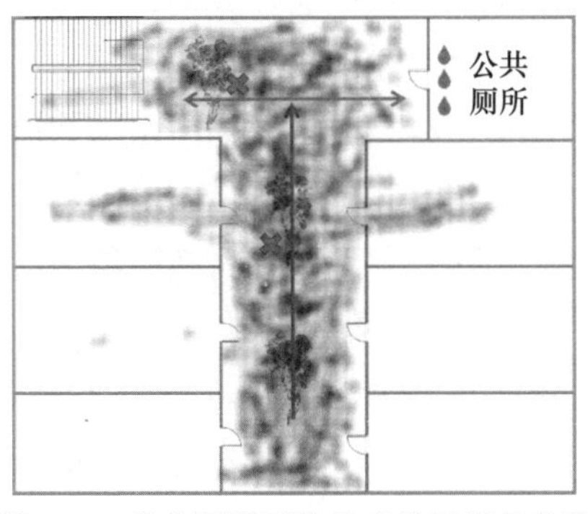

图 5-26 公共厕所可作为疏散场所的备选

室外空旷区域是指远离村民自建房居住区且周边不具有易燃可燃物的空旷区域，如图 5-27 所示，此区域平时可用作村民休闲娱乐活动的场所。

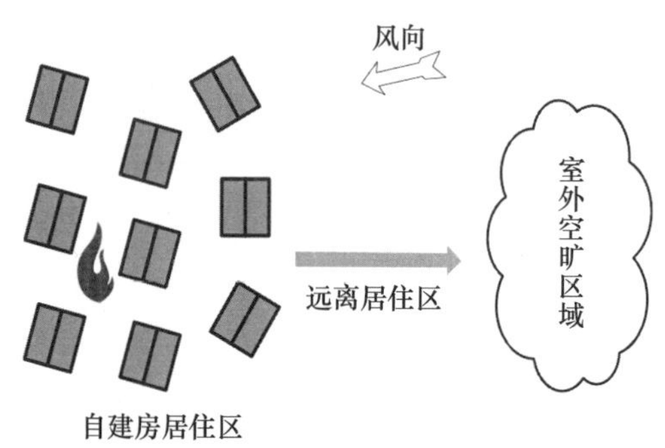

图 5-27 远离居住区的室外空旷区域

在村内自建房发生火灾后应当第一时间向远离火灾发生的地方进行逃生。此时，应注意观察风向，向上风处室外空旷区域疏散。

近些年随着城镇化进程的加快，农村地区为满足村民逛街、购物、观影等需求，涌现出一批村镇购物中心等高层公共建筑。当此类建筑发生火灾后，在村镇购物中心内购物的村民应当保持理智，切勿慌乱，应当听从购物中心管理人员的指挥，通过防烟前室快速疏散至防烟楼梯间，在防烟楼梯间内保持有序疏散，避免发生踩踏事件，造成二次伤害。此时，防烟楼梯间可以作为村镇购物中心的安全疏散区域，如图 5-28 所示。

若村民将自建房二层及以上楼层改造为合用场所时，应当预留通向屋顶平台的专用疏散楼梯。

在发生火灾时，当村民不能通过疏散楼梯向发生火灾楼层以下进行逃生时，可以通过预留的通向屋顶平台楼梯向上进行逃生，如图 5-29 所示。待逃生至屋顶平台后应当第一时间向地面人员进行呼救，以便引起消防救援人员及他人的注意，等待救援人员的营救。

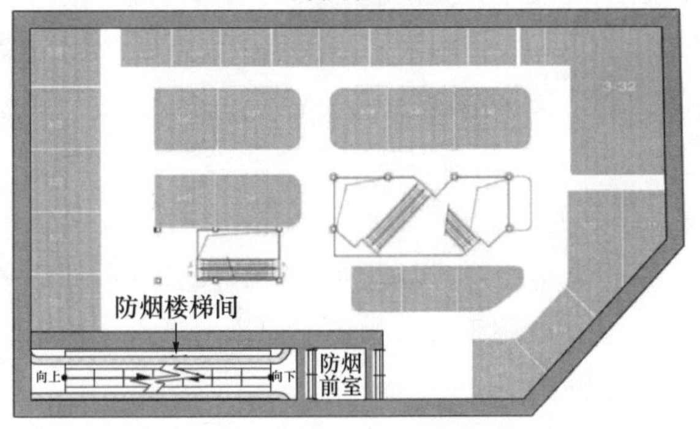

图 5-28　村镇购物中心疏散场地示意图

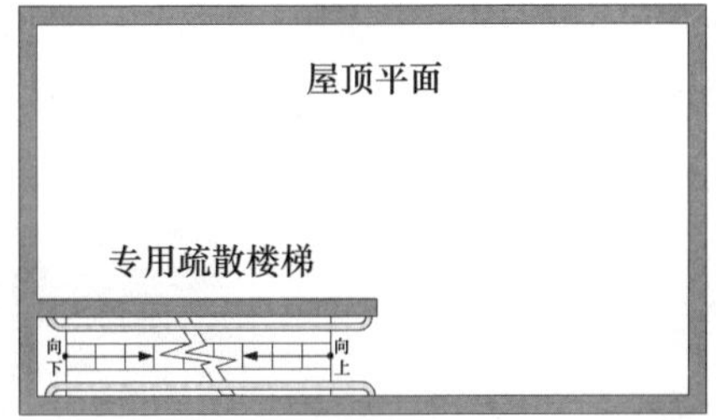

图 5-29　合用场所屋顶平面可作为疏散场所

村民健身活动场地是村民日常用于健身锻炼、娱乐、举办文艺演出等活动的聚集性场所，通常会选取在较为空旷的场地，可以容纳较多人员，在发生灾害后可以用作临时避难区，如图 5-30 所示。

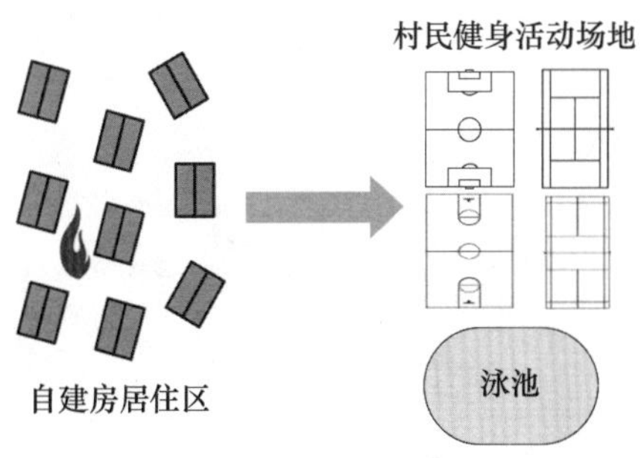

图 5-30　村民健身活动场地作为疏散场地

当村内自建房发生火灾后，村民可以选择健身活动中心作为空旷的安全疏散场地；待村民自身确保安全后需向村内义务消防队说明火情，协助义务消防队进行火灾的初步扑救，并拨打火警报警电话 119，等待消防救援队伍的到来。

在乡村振兴的大政方针指导下，村庄应当建立具备用于应急避难的场所。建立应急避难场所是应对突发公共事件的一项灾民安置措施，它是民众用于躲避火灾、爆炸、洪水、地震、疫情等重大突发公共事件的安全避难场所。

当村民自建房发生火灾后可以将村民疏散至村内的应急避难场所，如图 5-31 所示，从而避免火灾对人员的危害；在日常生活中应急避难场所可以用作应对灾害的应急逃生模拟平台以及宣传应急逃生知识科普园地，使村民增强自我安全防范意识。

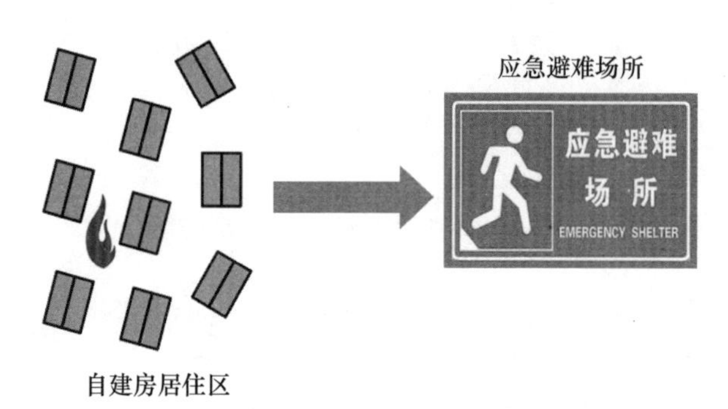

图 5-31　专用应急避难场所

6 保证结构安全技术及方法

6.1 承重构件

冷摊瓦屋顶，支撑瓦片的木条很窄很薄，火灾中极易烧毁，导致瓦片塌落。屋顶冒出的火焰，容易使火灾蔓延到坡地上方的建筑，如图 6-1 所示。

(a) (b) (c) (d)

图 6-1 冷摊瓦屋顶体系耐火性能不足

根据既有实验结果，可以推断，采用“瓦片＋望板”屋顶体系，如图 6-2 所示，或者采用“瓦片＋内夹镀锌双层望板”屋顶体系，比现有常用屋面体系具有更好的防火性能。

图 6-2　“瓦片＋望板”屋顶体系

木结构村镇建筑中经常采用两个木梁上下叠放的方式。将上下两个木梁用螺栓、长螺钉或者钢丝固定到一起，能够提升房子的抗火能力和抗震能力，使得房子更安全，如图 6-3 所示。

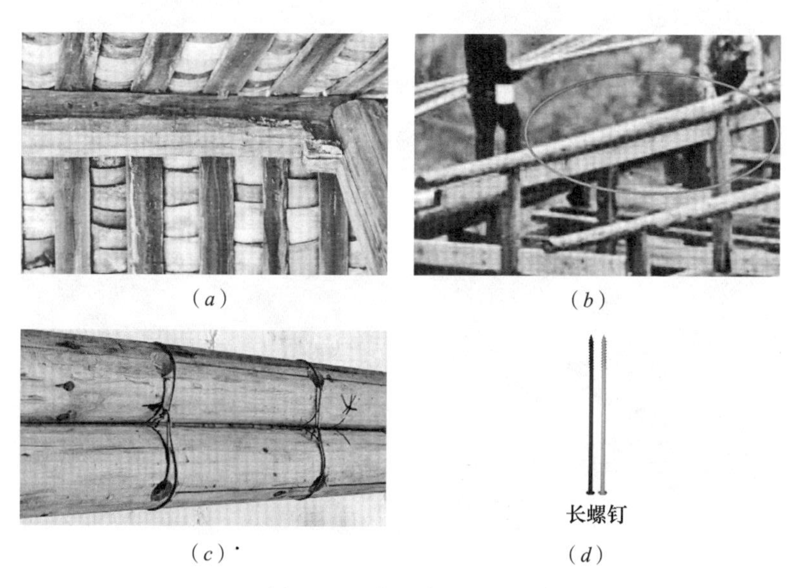

(a)　(b)　(c)　(d)

图 6-3　竖向连接木梁方法

村镇建筑中，经常采用木制剪刀支撑进行加固。如果在加固房子的木制支撑上喷涂阻燃剂；或者用镀锌板包裹，会延长支撑的耐火时间，有助于提升整个建筑结构的耐火时间，如图 6-4 所示。

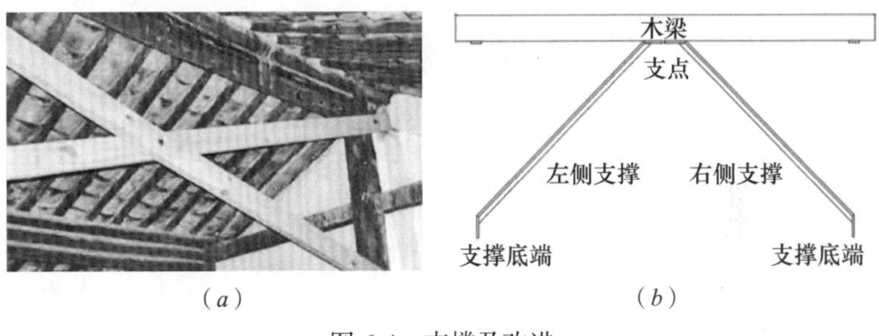

（*a*）　　（*b*）

图 6-4　支撑及改进

木支撑或者包裹了镀锌板的复合支撑，支撑的位置建议选定在木梁的中点，可以显著地改善支撑效果。支撑底端要与木柱或者砖墙等固定牢靠。

托梁是木结构中重要的承重构件。用镀锌板包裹在单根木梁或者双拼木梁的表面，形成复合托梁，会避免木梁在火灾中燃烧，显著提升木梁的耐火时间，如图 6-5 所示。复合托梁的表面可以用木板、装饰布等进行遮挡、装饰，避免镀锌板反射光线引起人们眼部不适。

图 6-5　用镀锌板包裹托梁

在楼板上铺一层镀锌板，用钉子固定，镀锌板上面再铺一层木板，形成复合楼板，可以提升楼板的整体性能、隔火性能、隔烟性能、耐火性能，延缓火灾纵向蔓延，防止房子过早倒塌，如图 6-6 所示。

（*a*）

（*b*）

图 6-6　复合楼板的施工过程

采用榫卯及木栓钉连接的木柱，在接头处，最好是两段柱子的直径相近，在外表用钢箍、扁铁、扒钉等进行加固，有助于避免火灾时接头处过早被破坏，影响整个结构的耐火时间，如图 6-7 所示。

（*a*）

（*b*）

图 6-7　用榫卯及木栓钉连接的木柱

木柱中由于木材干缩产生的裂缝，可以用玻璃腻子、石灰等材料进行填充，表面用亮油等进行装饰，有助于改变柱内燃烧，减少燃烧表面积，延长柱子的耐火时间，保障房子的安全，如图 6-8 所示。

（a） （b）

（c）

图 6-8 木柱中的裂缝

木柱支撑的两个木梁的端部，用扒钉、扁铁等连接在一起，使两个独立的“简支梁”变成端部相连的“连续梁”，可以显著提升木梁的承载力，延长耐火时间，延缓建筑间火灾蔓延。两个梁端部的缝隙，最好用玻璃腻子等材料进行填充，可以提升抗火性能，如图 6-9 所示。

当房子的底层木梁及地板与地面之间有一定距离时，最好沿着木梁及地板周边进行封堵，避免堆积杂草等可燃物品。如果没有严密封堵，需要定时对地板下堆积的杂草等进行清理，防止被飞火引燃而导致火灾蔓延，如图 6-10 所示。

（a）　　（b）

图 6-9　木梁之间的缝隙

（a）　　（b）

（c）

图 6-10　底层木梁及地板与地面之间的缝隙以及封堵方法

当底层地板有较大缝隙时，要及时修补、封堵，以免飞火引燃下面干枯的杂草等可燃物以后，火焰直接串入屋内，引燃室内物品，导致火灾蔓延到室内，如图 6-11 所示。

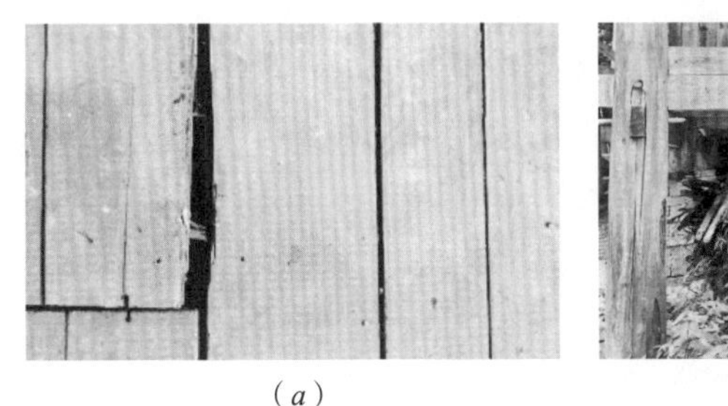
（*a*）

（*b*）

图 6-11　底层地板的缝隙及地板下堆积物

6.2　非承重构件

冷摊瓦屋顶的漏洞要及时修补，比较大的缝隙，用黏土、水泥砂浆等材料进行封堵，或者用镀锌板制成复合楼板。这样做可以提升屋顶的整体性，防止飞火进入室内，防止飞火引燃、烧穿楼板进入室内，如图 6-12 所示。

（*a*）

（*b*）

图 6-12　冷摊瓦屋顶的漏洞和缝隙以及危害

木结构建筑中，墙板是重要的非承重构件，可以分为内部墙板和外部墙板两种。在墙板的中间加上一层 0.2mm 或者 0.4mm

厚的镀锌板，可以有效提升墙板的隔火性能，延缓建筑内部的火灾蔓延，延缓建筑之间的火灾蔓延，保持建筑内部风貌和外部风貌，如图 6-13 所示。

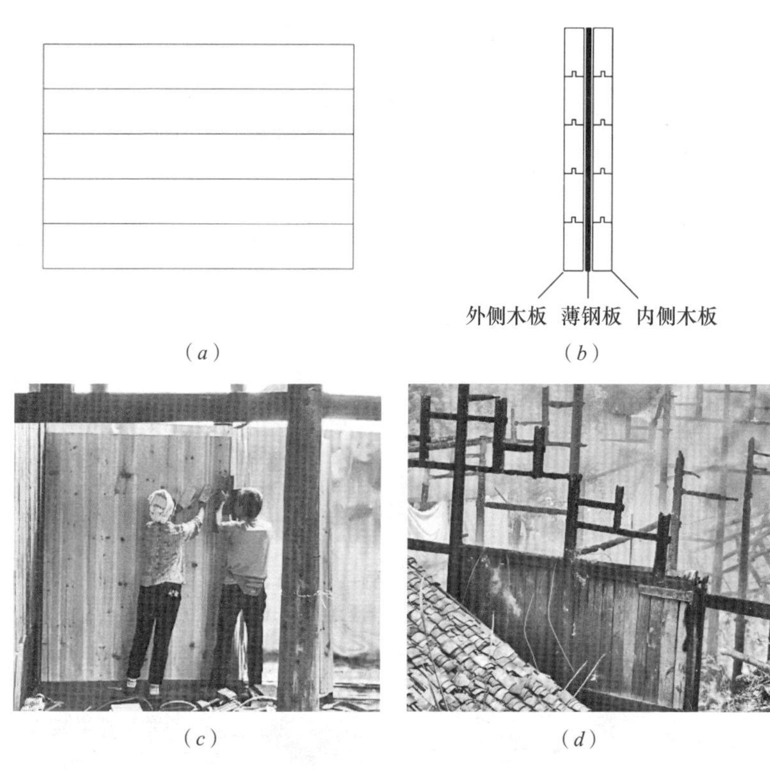

图 6-13　复合墙板的构成、施工、效果

将厨房的木板墙改为砖墙，能够延缓厨房内火灾向外蔓延，减少对相邻建筑的威胁；同时，也能有效防护外地面杂草等可燃物引起的燃烧向厨房内蔓延，如图 6-14 所示。

在外墙上铺装一层镀锌板，或者彩钢板，有助于避免木板直接受火，阻止相邻建筑火灾引燃外墙木板，阻止地面杂草燃烧引燃外墙木板，如图 6-15 所示。在重要的传统村落，要注意镀锌板对村落整体风貌的影响。

（a）（b）（c）

图 6-14 厨房的木墙改为砖墙

图 6-15 墙板外加上镀锌板

玻璃门窗上的玻璃极易被火灾的高温损坏，导致火灾蔓延到室内。在玻璃门窗外设置挡板能够阻挡相邻建筑因火灾而产生的热量通过玻璃门窗向室内传递，避免室内窗帘等物品发生燃烧，是延缓邻居家火灾蔓延到自己家的重要手段，如图 6-16 所示。

（a）（b）（c）

图 6-16 玻璃门窗耐火性能及改进

很多木结构建筑的墙顶留有开敞的洞口，或者用木板、炉料等简易材料进行遮挡。火灾时，热空气顺利从洞口流出，导致室内火势加大。对墙顶洞口进行封堵，可以防止飞火入内；也可以在火灾时减小火舌尺寸，减小对邻居房屋的威胁。用竹竿等材料编制篱笆，内外用黏土砂浆抹平，也可以起到良好的作用，如图 6-17 所示。

（a）（b）（c）（d）

图 6-17　墙顶洞口、火舌及简易封堵方法

6.3 结构体系

在村寨木结构建筑中，榫卯节点是木梁和木柱之间的一种常见连接形式。拥有牢固的榫卯节点，对整个结构的静力性能、抗震性能、抗火性能都具有重要意义。通常，对榫卯节点用扒钉进行加固。外露的扒钉容易被火侵袭而失效，影响结构体系的抗火

性能。可以通过隐藏在内部的螺栓加固节点。螺栓端部深藏于梁柱的内部，可以避免其直接受火，有助于降低其温度，延长节点的耐火时间，如图 6-18 所示。

（a）

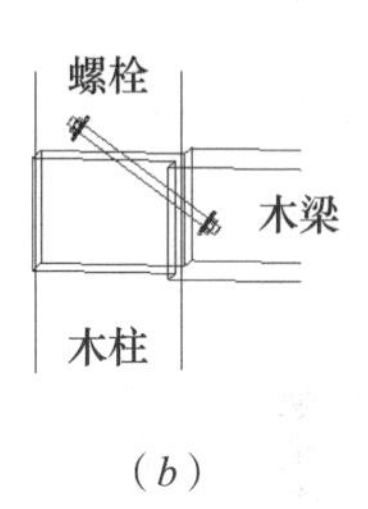

（b）

图 6-18　梁柱榫卯节点的加固方法

可以使用加长自攻螺钉加固节点。螺钉的头部和尾部最好不要露在外部，应该位于木构件的内部，并且用腻子等进行封堵，确保火灾时螺钉的头部和尾部不能直接受火，如图 6-19 所示。深度最好达到 3cm 以上。

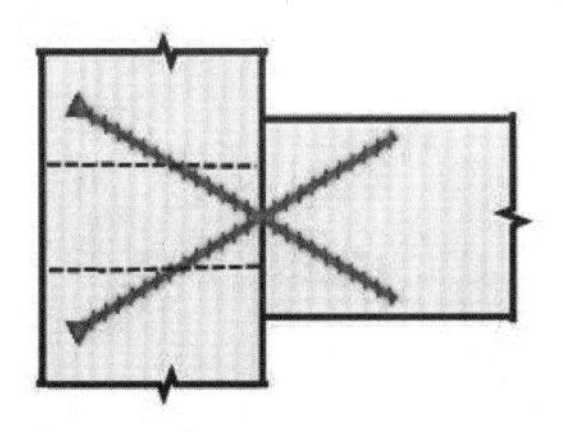

图 6-19　加长自攻螺钉加固节点

采用折角钢板和螺栓或者螺钉加固木梁—木柱节点以后，用木块装饰，起到美化作用的同时，也可以对折角钢板起到保护作用。火灾时装饰木块可以延缓折角钢板和螺栓升温，改善节点的抗火性能，延长节点的耐火时间，如图 6-20 所示。

用玻璃腻子等材料填充木梁和木柱之间榫卯节点的缝隙，可以避免火灾时榫头受热、燃烧，延长榫头的耐火时间，避免抗剪能力降低而在木梁端部发生断裂破坏，如图 6-21 所示。

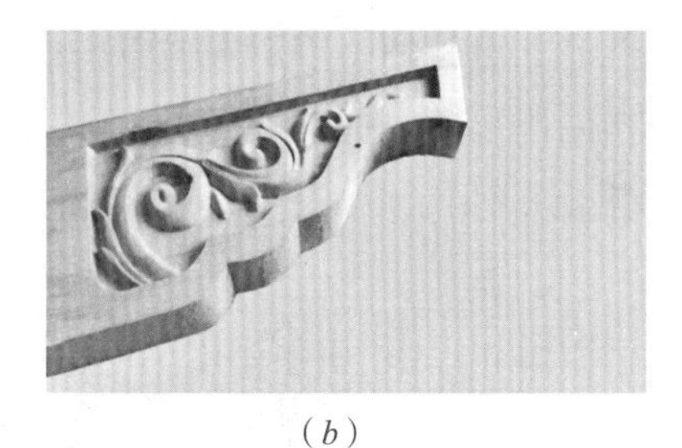

（a）　　（b）

图 6-20　折角钢板加固节点

（a）　　（b）

图 6-21　榫卯节点的缝隙及燃烧

经济条件允许的家庭，可以用砖、混凝土等非木质建筑材料单独建立厨房，提高厨房的隔火性能、耐火性能，有效延缓火灾蔓延，如图 6-22 所示。

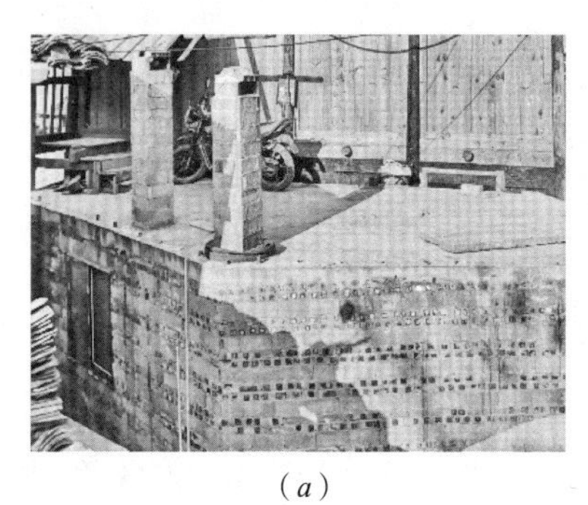

（a）　　（b）

图 6-22　独立的砖砌厨房及混凝土厨房

房子间距太小，火灾极易蔓延，应该采用复合墙板等结构技术措施，或者准备喷水系统等简易消防设施，延缓蔓延速度，为灭火、救援赢得时间，如图 6-23 所示。

(*a*)

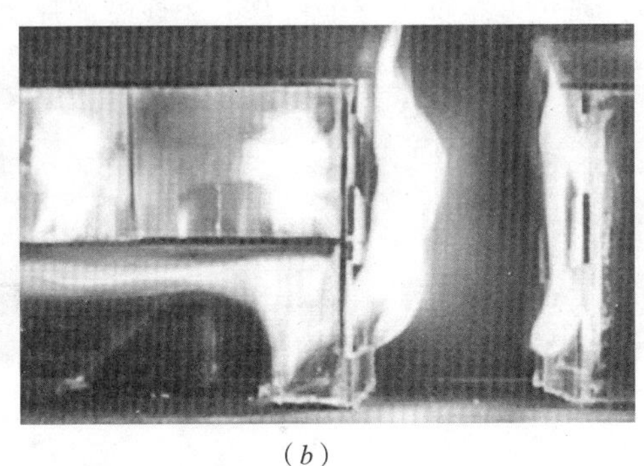

(*b*)

图 6-23　紧密的建筑火灾极易蔓延

木结构建筑群中的钢筋混凝土建筑，有助于降低建筑之间的火灾蔓延概率，延缓成片木结构建筑之间的大面积火灾蔓延，有助于降低“灭村大火”的发生概率。钢筋混凝土建筑自身最好在窗户外面安装内夹镀锌板的窗户挡板，室内配备简易消防设施，成为遏止火灾蔓延的屏障，如图 6-24 所示。

图 6-24　建筑群中的钢筋混凝土建筑

建设新的村寨或者改造老的村寨，要尽可能从规划的角度考虑村寨火灾问题，尽量把大的村寨改为多个小的村寨，各个小的村寨之间保持足够的距离，防止一个小寨的火灾蔓延到另一个小寨，避免发生摧毁整个村寨的大规模连片火灾，如图 6-25 所示。

图 6-25　大寨化为距离较大的小寨

7 保证灭火救援技术及方法

7.1 消防水源

农村应设置消防水源，以便为火灾发生时的水灭火设施、车载或手抬等移动消防水泵、固定消防水泵等的消防用水提供支持。消防水源应由给水管网、天然水源或消防水池供给，如图 7-1 所示。

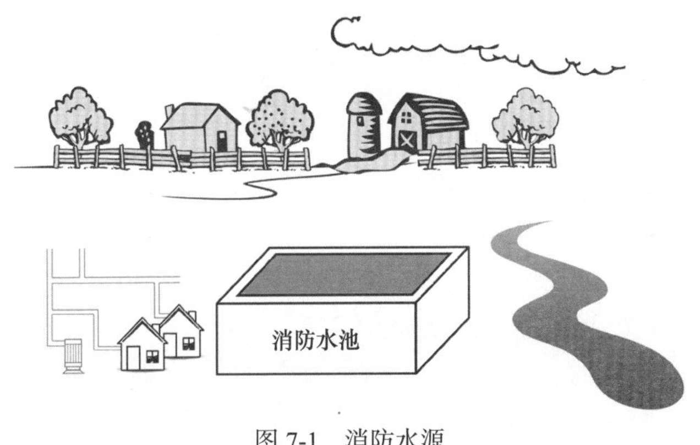

图 7-1　消防水源

农村若具备给水管网条件，应设置室外消防给水系统。消防给水系统可与生产、生活给水系统合用，但需满足火灾发生时消防供水的要求。若不具备给水管网条件，或者室外消防给水系统不符合消防供水要求，应设置消防水池或者利用天然水源，如图 7-2 所示。

当村庄在消防站（点）的保护范围内时，室外消火栓栓口的压力不应低于 0.1MPa；当村庄不在消防站（点）保护范围内时，室外消火栓应满足其保护半径内建筑最不利点（通常为最远端）灭火的压力和流量的要求，如图 7-3 所示。

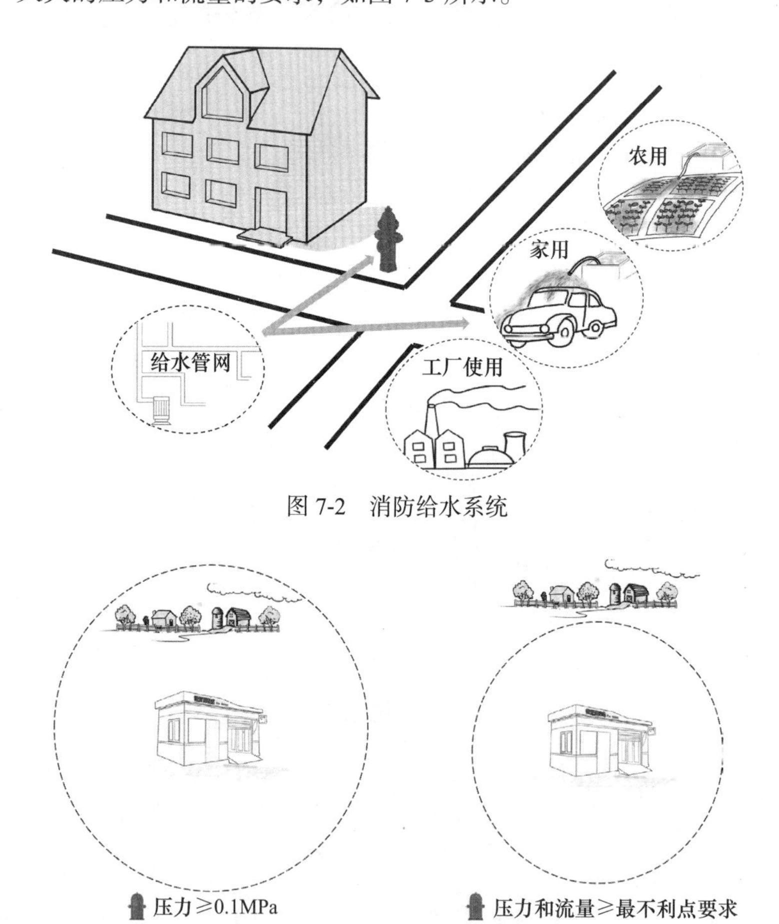

图 7-2　消防给水系统

图 7-3　室外消火栓

消防给水管道的管径不宜小于 100mm，管道埋设深度应根据当地气候条件、外部荷载、管材性能等因素确定，如图 7-4 所示。

室外消火栓应沿道路设置，并宜靠近十字路口，与房屋外墙距离不宜小于 2m；室外消火栓间距不宜大于 120m，三、四级

耐火等级建筑较多（木屋顶和砖墙组成的砖木结构，木屋顶、难燃烧体墙壁组成的可燃结构）的农村，室外消火栓间距不宜大于60m，如图 7-5 所示。

图 7-4　消防给水管道

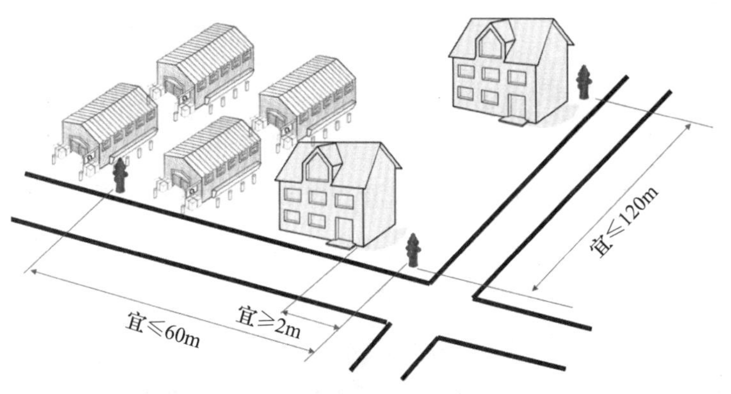

图 7-5　室外消火栓的布置

为了保证冬季低温环境下的消防给水正常，寒冷地区的室外消火栓应采取防冻措施，或采用地下消火栓、消防水鹤或将室外消火栓设在室内，如图 7-6 所示。

江河、湖泊、水塘、水井、水窖等天然水源作为消防水源时，应保证枯水期和冬季的消防用水并确保该水源不被可燃液体污染，供消防车取水的天然水源，最低水位时吸水高度不应超过6m，如图 7-7 所示。

图 7-6　保证冬季消防给水

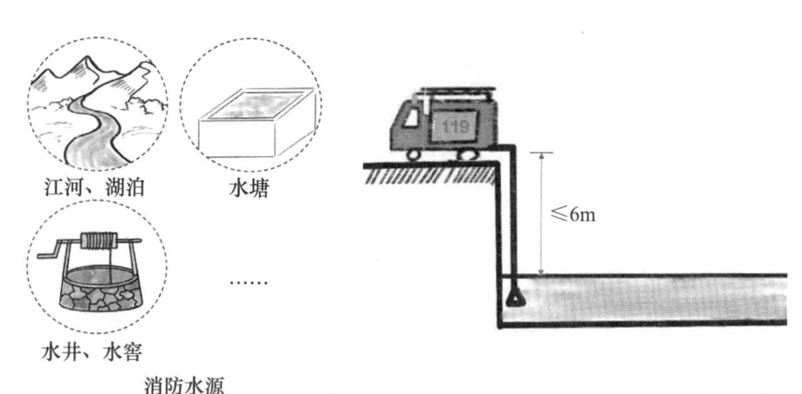

图 7-7　天然水源

农村若以消防水池作为消防水源时，为保证火灾发生时消防供水的可靠性，应采取保证消防用水不作他用的技术措施，避免发生消防用水不足从而延误救援时机的情况，如图 7-8 所示。

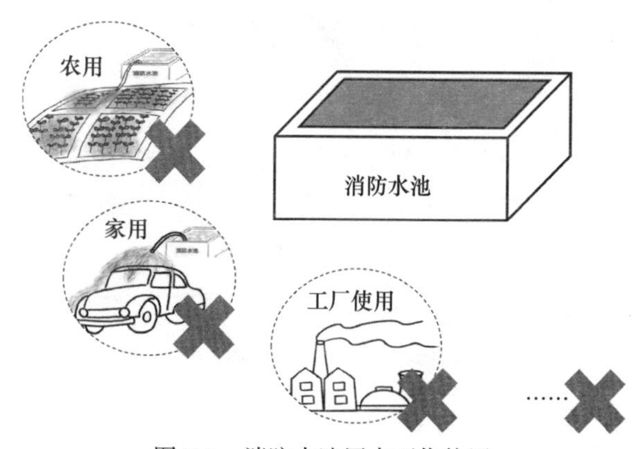

图 7-8　消防水池用水不作他用

消防水池的容量不宜小于 100m³，存在耐火等级较低的建筑时，消防水池的容量不宜小于 200m³；水池的保护半径不宜大于 150m；设有 2 个及以上消防水池时，宜分散布置，如图 7-9 所示。

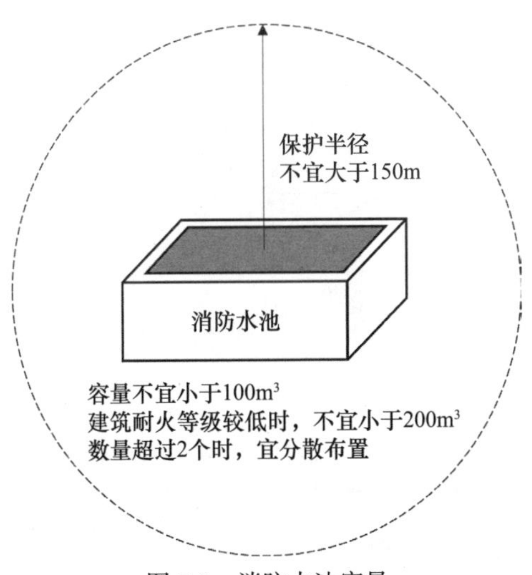

图 7-9　消防水池容量

消防水池应设置在地势较高的位置，供消防车或机动消防泵取水的消防水池应设取水口，且不宜少于两处；水池池底距设计地面的高度不应超过 6m；寒冷地区和严寒地区的消防水池应采取防冻措施，如图 7-10 所示。

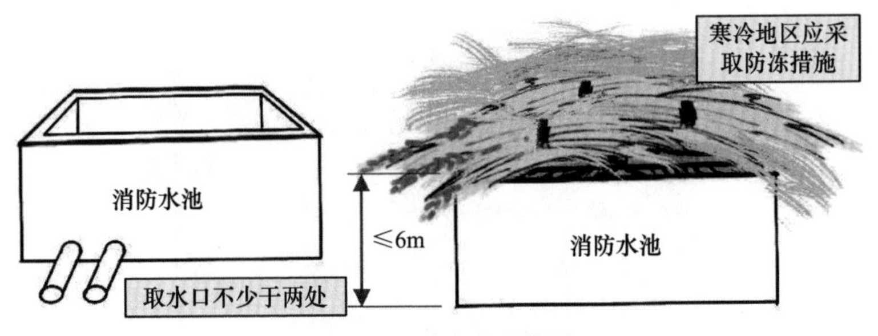

图 7-10　消防水池位置

对于处在缺水或干旱地区的农村，不具备设置给水管网条件或者天然水源不满足消防用水的需求时，宜设置雨水收集池等储存消防用水的蓄水设施，如图 7-11 所示。

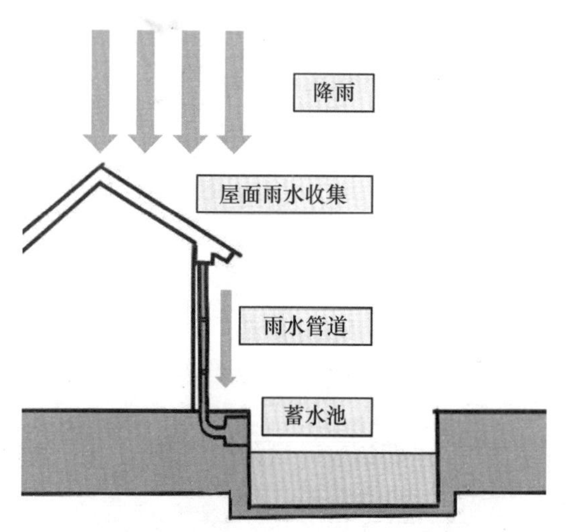

图 7-11　缺水或干旱地区可设置蓄水设施

农村地区根据发展情况，可在新建住房建造时设置简易消防水池，以供初期火灾的灭火需求。水池可分为生活用水和消防用水两个水池，利用虹吸单向阀连接两个水池，消防用水不足时可由生活用水补充，同时也可由设置于屋顶的雨水收集装置补充，如图 7-12 所示。

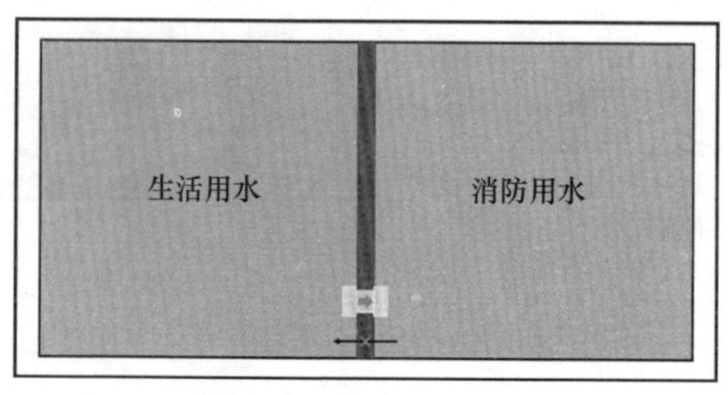

图 7-12　简易消防水池

7.2 灭火装置

农村应根据给水管网、消防水池或天然水源等消防水源的形式，配备相应的消防车、机动消防泵、水带、水枪等消防设施，以供紧急情况下使用，如图 7-13 所示。

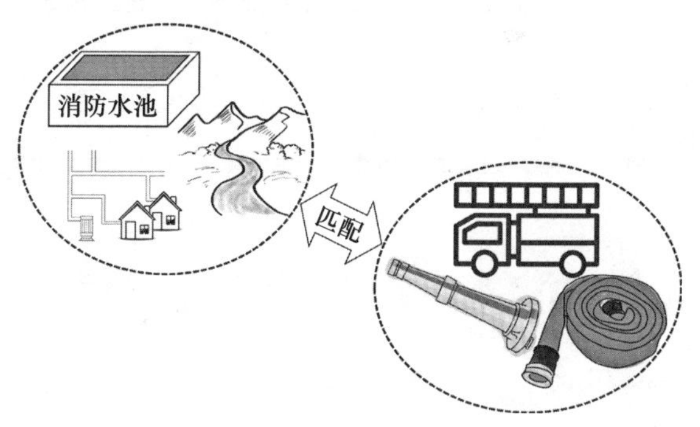

图 7-13　配备适用的消防设施

在设有机动消防泵的农村，为保证机动消防泵在紧急情况下的持续工作需求，应储存不小于 3h 的燃油总用量，每台泵应至少配置总长不小于 150m 的水带和两支水枪，如图 7-14 所示。

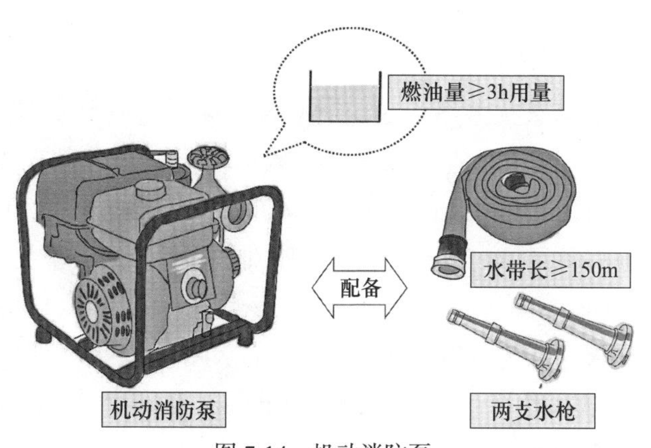

图 7-14　机动消防泵

农村地区应在重要公共场所、人员密集场所设置简易的自动喷淋灭火系统，由能够快速响应的闭式洒水喷头、供水管网和控制组件组成，能够在火灾发生时启动进行喷水灭火，简易灭火系统应采用湿式系统，持续喷水时间不应小于30min，如图7-15所示。

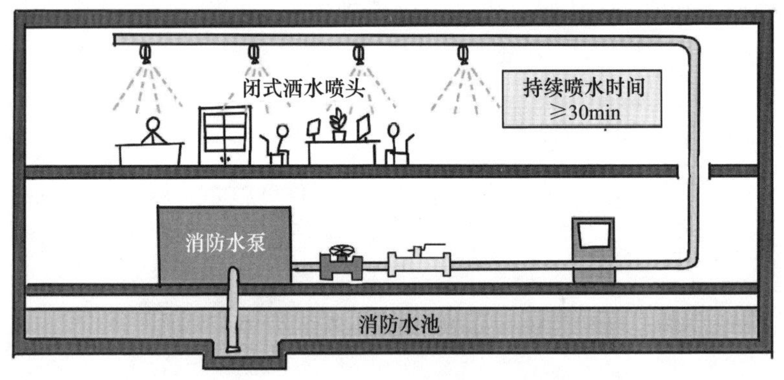

图 7-15 简易自动喷淋灭火系统

简易灭火系统按照不同的使用场所可分为简化型、通用型和增压型三种形式，简化型系统可满足最基本的灭火需求，通用型系统增加了报警控制器、声光报警器、报警阀等装置，增压型系统在通用型系统的基础上增加了管道泵、水泵接合器等用于增压的设施，如图7-16所示。

设置简易灭火系统的建筑物，相关场所的最大净空高度不宜大于6m；同时，应在保护区域内的房间和公共部位设置喷头，喷头应均匀布置，喷头布水器不应受障碍物阻挡；还应安装一个可在保护区域内所有地方都能听到报警信号的报警装置，如图7-17所示。

简易灭火系统应确保有一路可靠的水源供水，可采用市政管网、生活给水管网、屋顶水箱、管道泵从市政管网或储水箱取水，如图7-18所示。

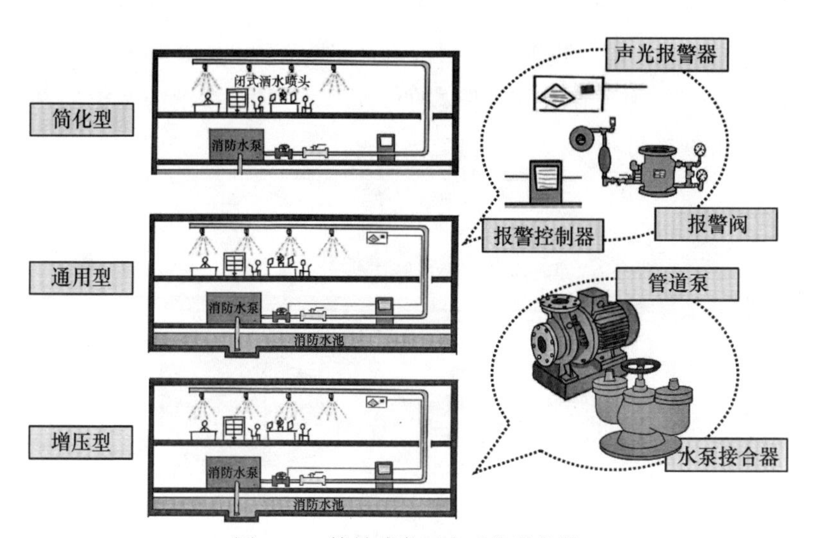

图 7-16　简易喷淋灭火系统的分类

图 7-17　简易灭火系统的设置场所

简易灭火系统可以只在配水管上设置一个水流指示器，水流指示器后不应设置除系统以外的其他用水设施；在系统管网的入口处应安装止回阀，当有条件时也可安装倒流防止器，防止生活用水回流污染消防用水，如图 7-19 所示。

农村住宅可设置简易消防水龙头，在原有的自来水水龙头上增设快装接头，快装接头与水枪枪尾或延长水管、水带的接口尺寸大小匹配，能实现即插即用，适合在装有自来水的家庭、公共场合使用，用于扑灭初期阶段的火灾，同时作为消防水枪的补充，如图 7-20 所示。

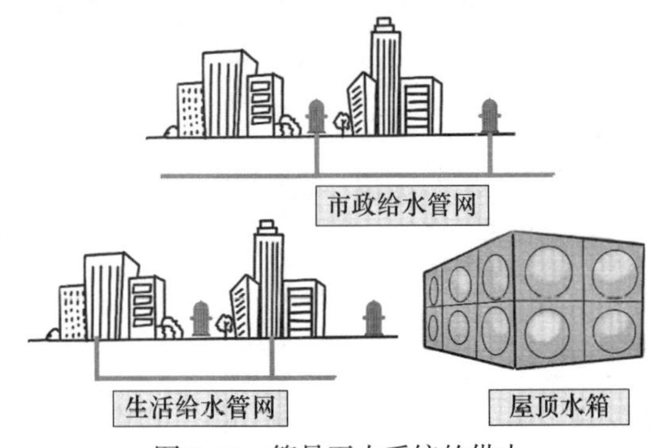

图 7-18　简易灭火系统的供水

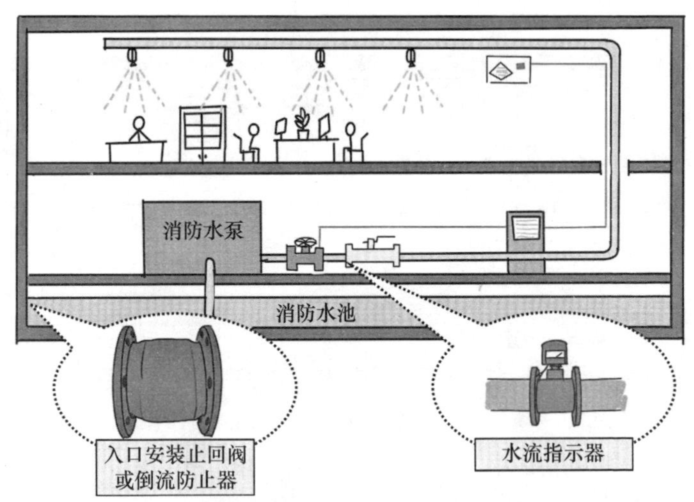

图 7-19　简易灭火系统配水管的设置

农村地区可利用现有的洒水车、农用车等器械车辆，通过设置消防水泵、水枪、水带、独立水箱等装置将其改造为简易高效的机动消防车辆，可在火灾发生时运送灭火救援器材，输送消防用水，辅助进行灭火救援工作，如图 7-21 所示。

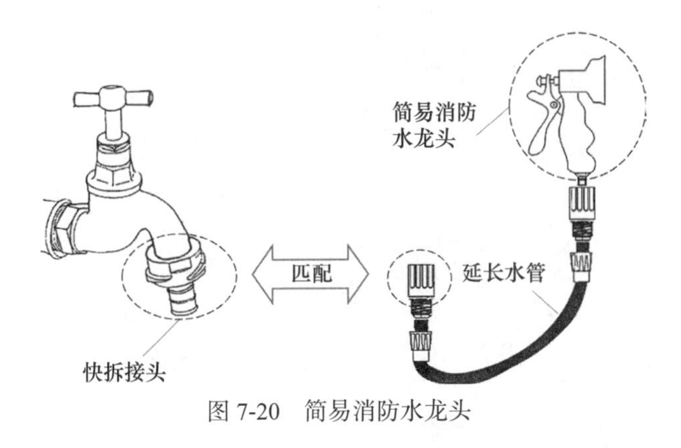

图 7-20　简易消防水龙头

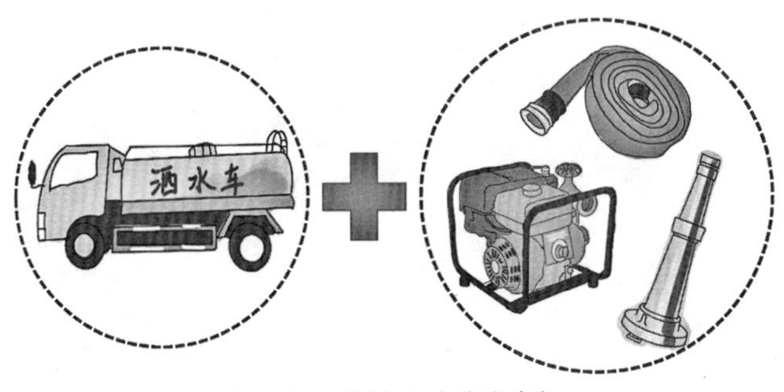

图 7-21　简易机动消防车辆

7.3　消防站点

为提高农村地区对火灾风险的抵御能力，农村应根据规模、区域条件、经济发展状况及火灾危险性等因素设置消防站和消防点。农村消防站的建设和装备配备可按有关消防站建设标准执行，如图 7-22 所示。

消防站（点）的设置应有固定的地点和房屋建筑，并有明显标识；配备消防车、手抬机动泵、水枪、水带、灭火器、破拆工具等全部或部分消防装备，如图 7-23 所示；设置火警电话和值班人员；有专职、义务或志愿消防队员；寒冷地区采取保温措施。

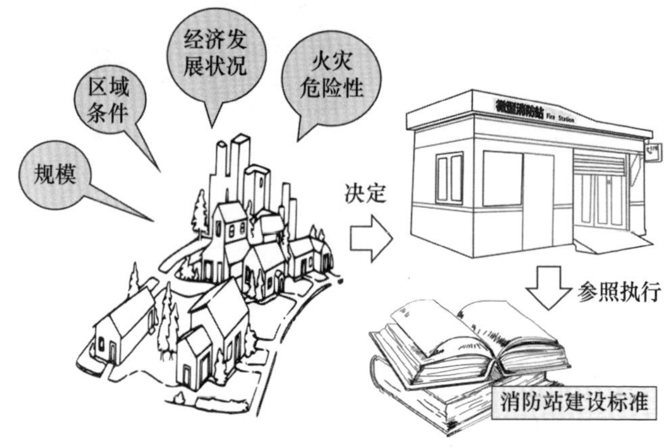

图 7-22　农村消防站（点）

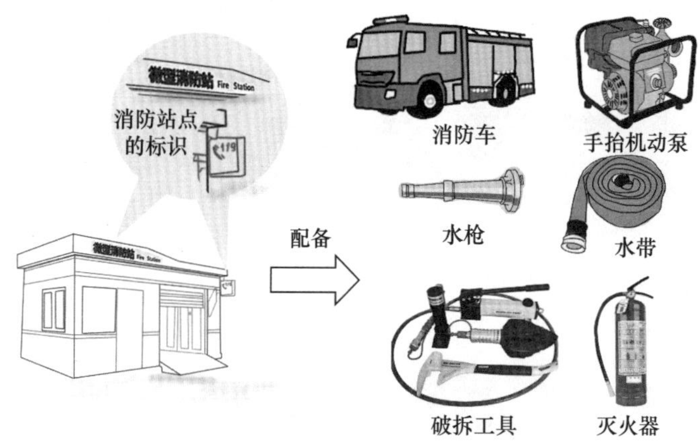

图 7-23　消防站（点）的设置

农村若不具备设置消防站（点）的条件或未设消防站（点）时，应根据实际需要配备必要的灭火器、消防斧、消防钩、消防梯、消防安全绳等消防器材，如图 7-24 所示。

为确保火灾发生时消防站（点）的消防力量能迅速前往火场，消防站（点）应设置在便于消防车辆迅速出动的主、次干路的临街地段；同时，消防站（点）执勤车辆的主出入口与人员密集场所的主要疏散出口的距离不应小于 50m，如图 7-25 所示。

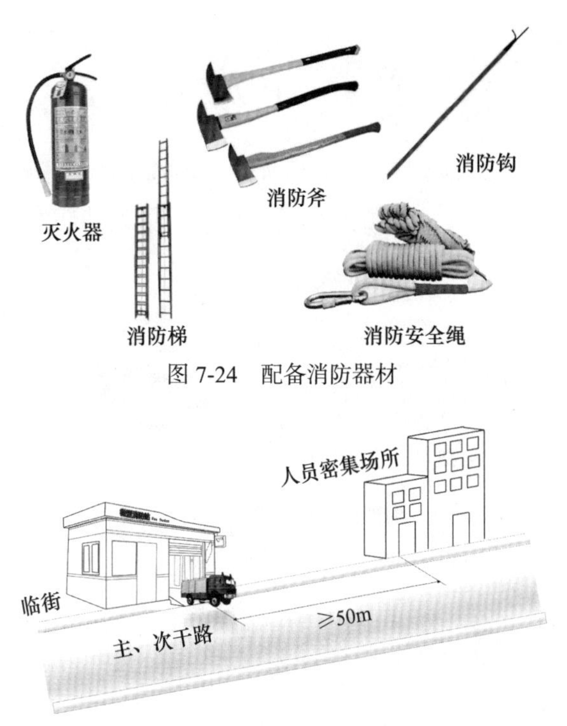

图 7-24 配备消防器材

图 7-25 消防站（点）的位置

消防站（点）辖区内如设有易燃易爆危险品场所或设施，为保证紧急情况下消防站（点）的可靠性，消防站（点）应设置在危险品场所或设施的常年主导风向的上风或侧风处，其用地边界距危险品部位不应小于 200m，如图 7-26 所示。

常年主导风向

易燃易爆

≥200m

图 7-26 易燃易爆危险品场所附近的消防站（点）位置

7.4 消防道路

既有的耐火等级低、相互毗连、消防通道狭窄不畅、消防水源不足的建筑群，应采取开辟消防通道、增设消防水源等措施，如图 7-27 所示。

图 7-27　设置消防车道

由于集市、庙会等活动人流量大，为保证紧急情况下消防车辆的正常通行，对应的活动区域应规划布置在不妨碍消防车辆通行的地段，该地段应与火灾危险性大的场所保持足够的防火间距，并应符合消防安全要求，如图 7-28 所示。

村庄内的道路宜考虑消防车的通行需要，供消防车通行的道路应纵横相连，间距不宜大于 160m；车道的净宽、净空高度不宜小于 4m，同时要满足配置车型的转弯半径要求，能承受消防车的压力；尽头式的车道应满足配置车型回车要求，如图 7-29 所示。

当村庄发生较大规模的火灾时，为保证外部的消防救援力量能够及时到达火场，村庄之间以及与其他城镇连通的公路应满足消防车通行的要求，如图 7-30 所示。

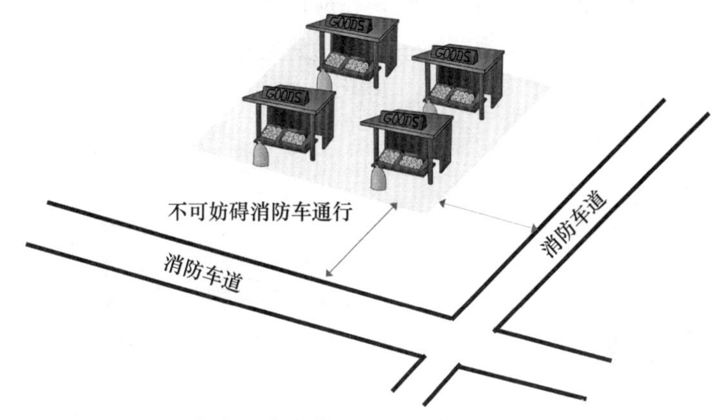

图 7-28　集市、庙会等的活动区域不可阻挡消防车道

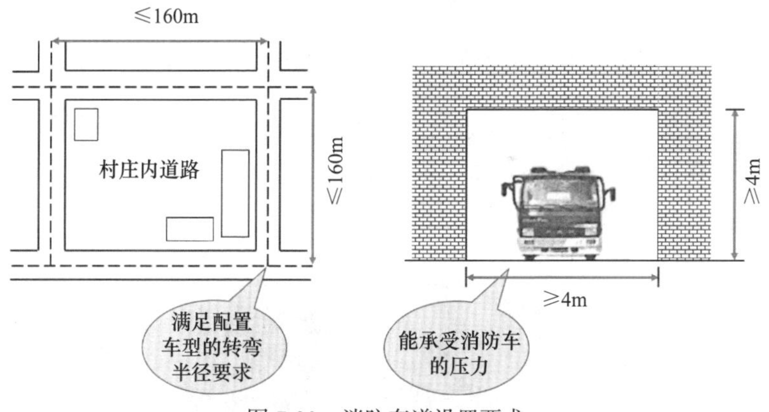

图 7-29　消防车道设置要求

图 7-30　跨区域的消防车道

江河、湖泊、水塘、水井、水窖等天然水源作为消防水源时，为确保消防取水的可靠性，相应区域应设置取水码头及通向取水码头的消防车道，消防车道的边缘距离取水点不宜大于 2m，如图 7-31 所示。

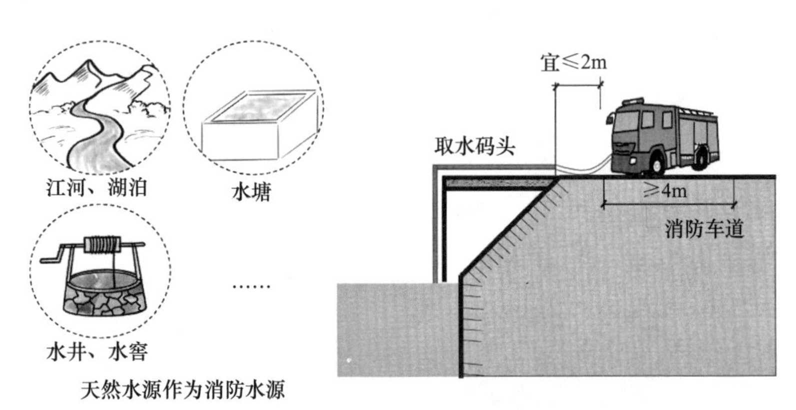

图 7-31 用作消防水源的天然水源应设置消防车道

消防车道应保持畅通，供消防车通行的道路严禁设置隔离桩、栏杆、限高架等障碍设施，不得堆放土石、柴草等影响消防车通行的障碍物，如图 7-32 所示。

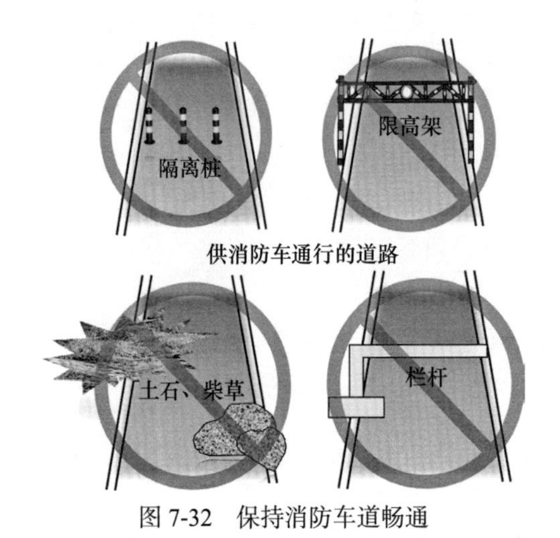

图 7-32 保持消防车道畅通

棉、麻、化纤、秸秆、木材等可燃材料的露天堆场区，火灾荷载大，起火后燃烧迅速，扑救难度大。为保证紧急情况下消防车辆能够迅速达到指定区域，堆场区应设置消防车道。其中，棉、麻、毛、化纤等储量超过 1000t，秸秆、芦苇等储量超过 5000t，木材储量超过 5000m^3 的堆场、储罐区，宜设置环形消防车道，如图 7-33 所示。

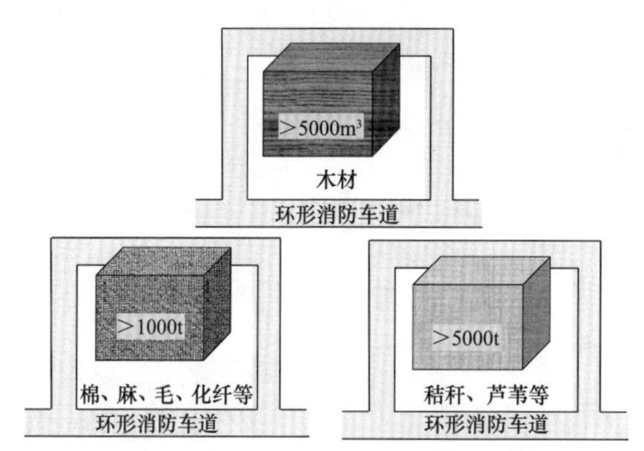

图 7-33　露天堆场区的消防车道设置要求

占地面积大于 30000m^2 的可燃材料堆场，应设置与环形消防车道相通的中间消防车道，消防车道的间距不宜大于 150m。消防车道的边缘距可燃材料堆垛不应小于 5m，如图 7-34 所示。

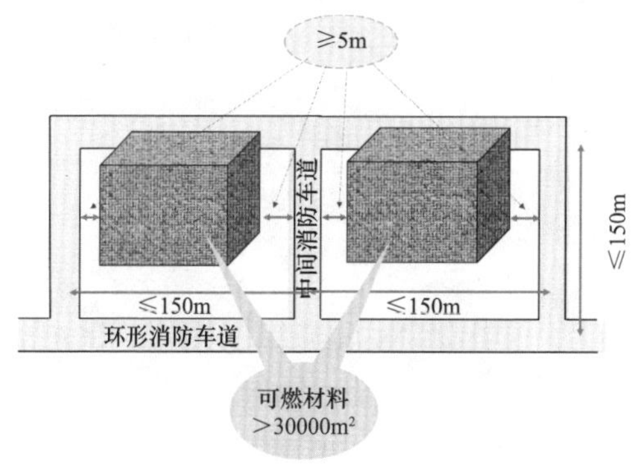

图 7-34　环形消防车道的设置要求

8 乡村民宿

本章节适用于经营用客房数量不超过 14 个标准间（或单间）、最高 4 层且建筑面积不超过 800m^2 的农家乐（民宿），如图 8-1 所示。

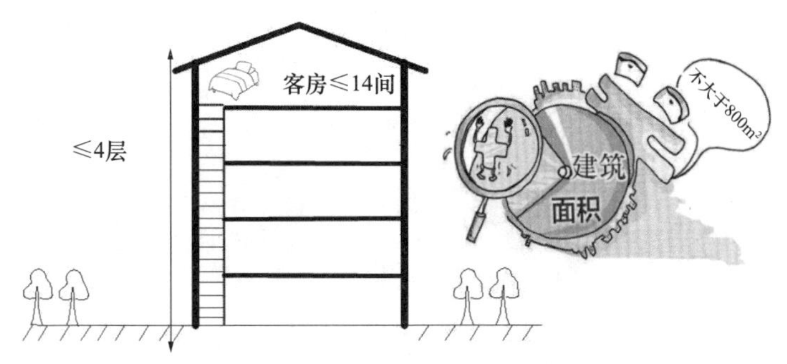

图 8-1　本章节适用的民宿种类

设有农家乐（民宿）的村镇，其消防基础设施应与农村基础设施统一建设和管理，如图 8-2 所示。

图 8-2　消防设施与基础设施统一建设与管理

砖木结构、木结构的农家乐（民宿）连片分布的区域，应采取设置防火隔离带、设置防火分隔、开辟消防通道、提高建筑耐火等级、改造给水管网、增设消防水源等措施，改善消防安全条件、降低火灾风险，如图 8-3 所示。

图 8-3 具体防火措施

如图 8-4 所示，农家乐（民宿）建筑应满足下列基本消防安全条件：

图 8-4 农家乐消防安全条件

1）不得采用金属夹芯板材作为建筑材料；

2）休闲娱乐区、具有娱乐功能的餐饮区总建筑面积不应大于 $500m^2$；

3）位于同一建筑内的不同农家乐（民宿）之间应采用不燃

性实体墙进行分隔，并独立进行疏散；

4）应设置独立式感烟火灾探测报警器或火灾自动报警系统；

5）每 25m^2 应至少配备一具 2kg 灭火器，灭火器可采用水基型灭火器或 ABC 干粉灭火器，灭火器设置在各层的公共部位及首层出口处；

6）每间客房均应按照住宿人数每人配备手电筒、逃生用口罩或消防自救呼吸器等设施，并应在明显部位张贴疏散示意图；

7）安全出口、楼梯间、疏散走道应设置保持视觉连续的灯光疏散指示标志，楼梯间、疏散走道应设置应急照明灯。

由于地下室和半地下室相对密闭、疏散条件差，客房、餐厅、休闲娱乐区、零售区、厨房等人员密集或火灾危险性比较大的功能，不应设置在地下室或半地下室。零售区、厨房宜设置在首层或其他设有直接对外出口的楼层，如图 8-5 所示。

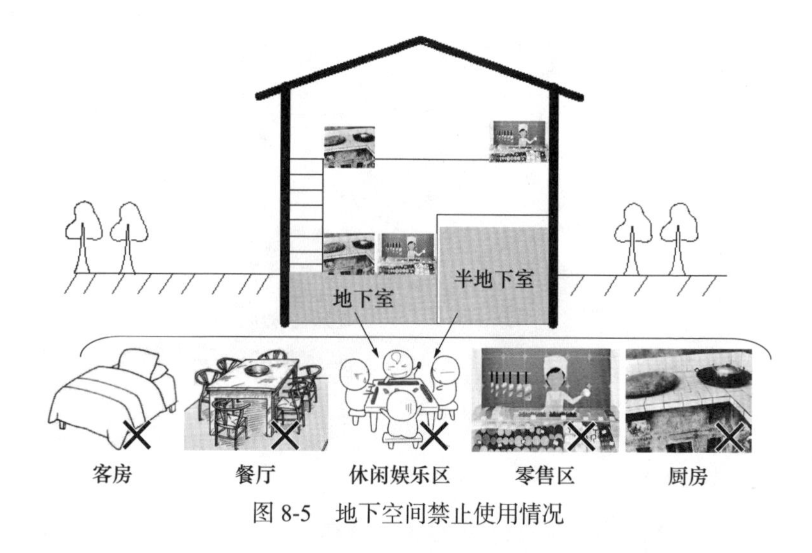

图 8-5　地下空间禁止使用情况

厨房与建筑内的其他部位之间应采用防火分隔措施。厨房墙面应采用不燃材料，顶棚和屋面应采用不燃或难燃材料，灶台、烟囱应采用不燃材料，如图 8-6 所示。

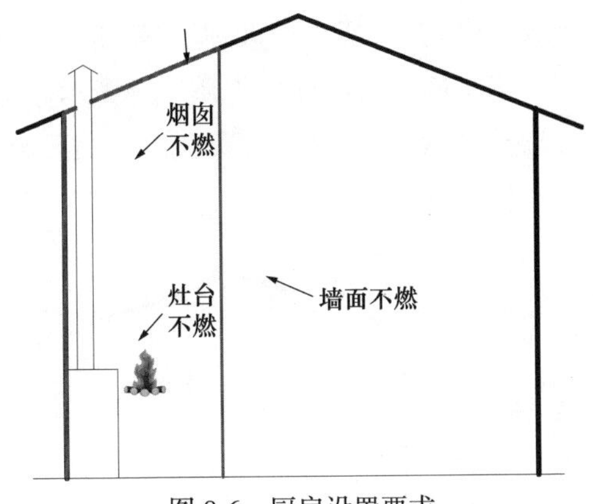

图 8-6 厨房设置要求

有条件的地区，可在二层以上客房、餐厅设置呼吸器、逃生绳、手电筒等建筑火灾逃生避难器材，如图 8-7 所示。

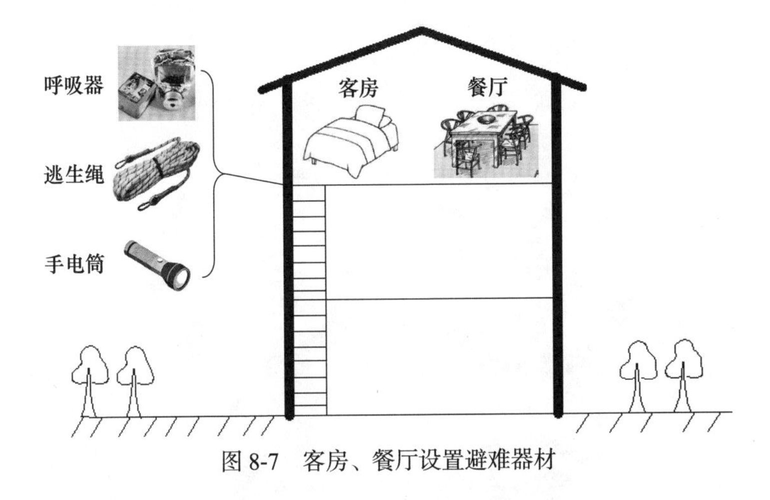

图 8-7 客房、餐厅设置避难器材

单栋建筑客房数量超过 8 间或同时用餐、休闲娱乐人数超过 40 人时，应设置简易自动喷水灭火系统；如给水管网压力不足但具备自来水管道时，应设置轻便消防水龙，如图 8-8 所示。

农村应当在可燃气体或液体储罐、可燃物堆放场地、停车场等场所，以及临近山林、草场的显著位置设置“禁止烟火”“禁止吸烟”“禁止放易燃物”“禁止带火种”“禁止燃放鞭炮”“当心火灾—易燃物”“当心爆炸—爆炸性物质”等警示标志，如图 8-9 所示。在消防设施设置场所、具有火灾危险性的区域应在显著位置设置相应消防安全警示标志或防火公约。

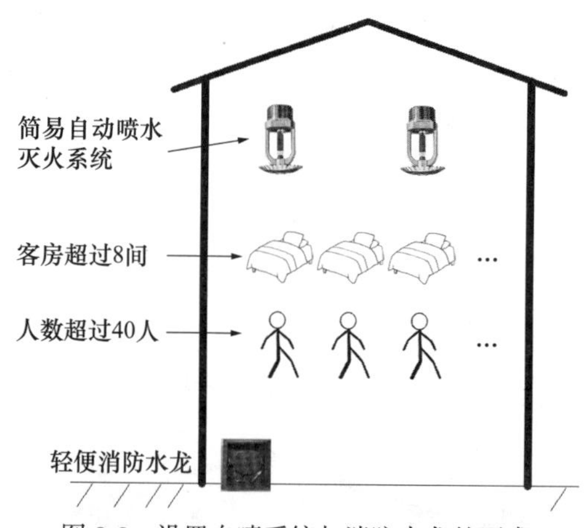

图 8-8　设置自喷系统与消防水龙的要求

图 8-9　消防警示标志

农村应确保疏散通道、安全出口、消防车通道畅通。不得损坏、挪用或擅自拆除、停用消防设施、器材，不得埋压、圈占、遮挡消火栓或占用防火间距，如图 8-10 所示。

图 8-10　消防车道禁止占用

农村临近山区、林场、农场、牧场、风景名胜区时，禁止燃放孔明灯，如图 8-11 所示。

图 8-11　禁止燃放孔明灯

农村室内敷设电气线路时应避开潮湿部位和炉灶、烟囱等高温部位，且不应直接敷设在可燃物上，导线的连接部分应牢固可靠。当必须敷设在可燃物上或在有可燃物的吊顶内时，应穿金属管、阻燃套管保护，或采用阻燃电缆。严禁私拉乱接电气线路，严禁擅自增设大功率用电设备，严禁在电气线路上搭、挂物品，如图 8-12 所示。

农村室内严禁使用铜丝、铁丝等代替保险丝，不得随意更换大额定电流保险丝，如图 8-13 所示。房间内严禁使用大功率用电设备；厨房内使用电加热设备后，应及时切断电源。停电后应拔掉电加热设备电源插头。用电取暖时，应选用具备超温自动关闭功能的设备。

图 8-12　严禁擅自增设大功率用电设备

图 8-13　农村室内严禁使用铜丝、铁丝等代替保险丝

严禁贴邻安全出口、疏散楼梯、疏散通道及燃气管线等处停放电动汽车、电动自行车，或对电动汽车、电动自行车充电，如图 8-14 所示。电动汽车充电装置应具备充电完成后自动断电的功能，并具备短路漏电保护装置，充电装置附近应配备必要的消防设施。

严禁在地下室、客房、餐厅内存放和使用瓶装液化石油气，如图 8-15 所示。不宜在厨房内存储液化石油气；确需放置在厨房时，每个灶具配置不得超过 1 瓶，钢瓶与灶具之间的距离不应小

于 0.5m。存放和使用液化石油气钢瓶的房间应保持良好通风。

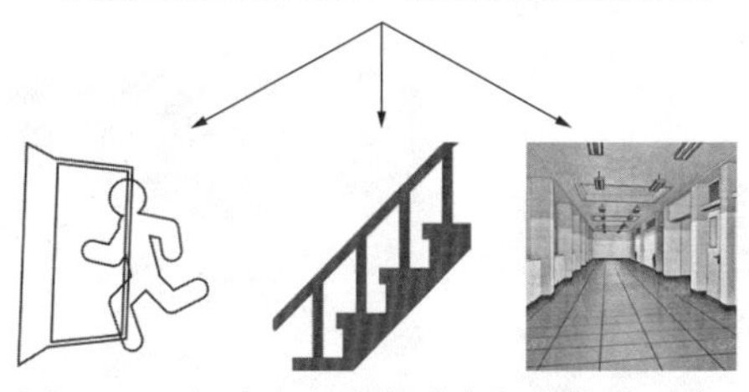

图 8-14　电动汽车或电动自行车停放要求

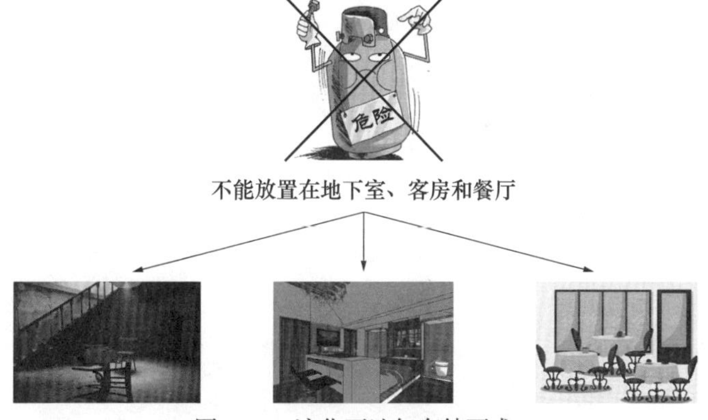

图 8-15　液化石油气存储要求

如图 8-16 所示，严禁在客房内安装燃气热水器。

施工时应指定施工现场防火安全责任人，落实消防安全管理责任，如图 8-17 所示。

施工现场动火作业时，应做到以下要求：

1）明确防火安全责任人；

2）动火作业人员应严格执行安全操作规程；

图 8-16　燃气热水器安装要求

图 8-17　施工前防火安全责任人落实

3）发现有火灾危险，应立即停止动火作业；

4）风荷载达到五级及以上时，应停止室外动火作业；

5）发生火灾爆炸事故时，应及时扑救并疏散人员，如图 8-18 所示。

图 8-18　动火作业发生火灾时应及时扑救

施工现场动火作业后，应彻底清理现场火种，确保完全熄灭，如图 8-19 所示。施工人员应留守现场至少 30min。

图 8-19　动火后应彻底清理现场火种

施工中，严禁使用绝缘老化或失去绝缘性能的电气线路，并应及时更换破损、烧焦的插座、插头。60W 以下的普通灯具距可燃物不应小于 0.3m，高热灯具距可燃物不应小于 0.5m，如图 8-20 所示。严禁私自改装现场供用电设施。

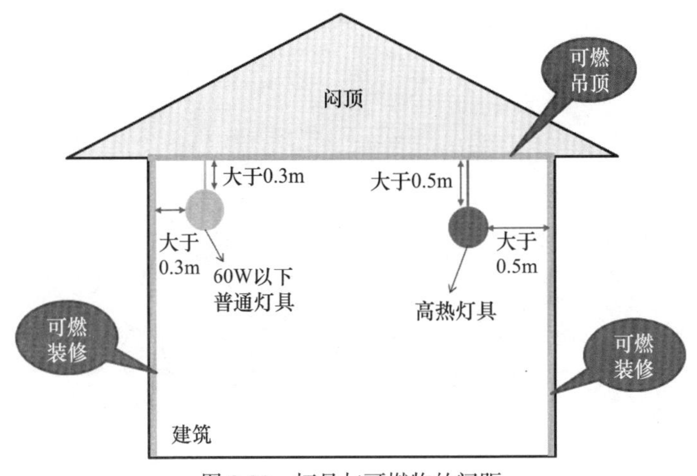

图 8-20　灯具与可燃物的间距

施工现场的防火安全责任人应定期组织防火检查，重点检查可燃物、易燃易爆危险品的管理措施是否落实、动用明火时的防火措施是否落实、用火用电用气是否存在违章操作、电气焊及保温防水施工是否执行操作规程、临时消防设施是否完好有效、临时消防车道及临时疏散设施是否畅通等内容。

施工现场应做好临时消防设施和疏散设施日常维护工作，及时维修和更换失效、损坏的消防设施，如图 8-21 所示。

图 8-21　灭火器压力不满足规范情况